Proteção do consumidor contra o Phishing no uso do Internet Banking

Jair Lima
Ezequiel Costa
Jackson Mallmann

Proteção do consumidor contra o Phishing no uso do Internet Banking

Sistemas de computação

Novas Edições Acadêmicas

Impressum / Impressão
Bibliografische Information der Deutschen Nationalbibliothek: Die Deutsche Nationalbibliothek verzeichnet diese Publikation in der Deutschen Nationalbibliografie; detaillierte bibliografische Daten sind im Internet über http://dnb.d-nb.de abrufbar.
Alle in diesem Buch genannten Marken und Produktnamen unterliegen warenzeichen-, marken- oder patentrechtlichem Schutz bzw. sind Warenzeichen oder eingetragene Warenzeichen der jeweiligen Inhaber. Die Wiedergabe von Marken, Produktnamen, Gebrauchsnamen, Handelsnamen, Warenbezeichnungen u.s.w. in diesem Werk berechtigt auch ohne besondere Kennzeichnung nicht zu der Annahme, dass solche Namen im Sinne der Warenzeichen- und Markenschutzgesetzgebung als frei zu betrachten wären und daher von jedermann benutzt werden dürften.

Informação biográfica publicada por Deutsche Nationalbibliothek: Nationalbibliothek numera essa publicação em Deutsche Nationalbibliografie; dados biográficos detalhados estão disponíveis na Internet: http://dnb.d-nb.de.
Os outros nomes de marcas e produtos citados neste livro estão sujeitos à marca registrada ou a proteção de patentes e são marcas comerciais registradas dos seus respectivos proprietários. O uso dos nomes de marcas, nome de produto, nomes comuns, nome comercial, descrições de produtos, etc. Inclusive sem uma marca particular nestas publicações, de forma alguma deve interpretar-se no sentido de que estes nomes possam ser considerados ilimitados em matérias de marcas e legislação de proteção de marcas e, portanto, ser utilizadas por qualquer pessoa.

Coverbild / Imagem da capa: www.ingimage.com

Verlag / Editora:
Novas Edições Acadêmicas
ist ein Imprint der / é uma marca de
OmniScriptum GmbH & Co. KG
Heinrich-Böcking-Str. 6-8, 66121 Saarbrücken, Deutschland / Niemcy
Email / Correio eletrônico: info@nea-edicoes.com

Herstellung: siehe letzte Seite /
Publicado: veja a última página
ISBN: 978-3-639-85077-2

DEDICATÓRIA

Dedicamos este trabalho à família que em nós sempre acreditaram.

AGRADECIMENTOS

Agradecemos a Deus que criou a oportunidade. A família que apoiou incondicionalmente. Ao Orientador, Professor Jackson Mallmann e a Co-Orientadora Professora Maria Emilia Martins da Silva que não mediram esforços para o êxito deste trabalho. Aos colegas pelo tempo passado juntos. Aos professores que ampliaram o horizonte e a Instituição que proveu o necessário.

EPÍGRAFE

Os que forem sábios, pois, resplandecerão como o fulgor do firmamento; e os que converterem a muitos para a justiça, como as estrelas sempre e eternamente (Dn 12:3).

RESUMO

O estudo apresenta a necessidade de proteção do consumidor contra o *Phishing* Bancário no uso do *Internet Banking*. É descrito o crescimento da técnica do *Phishing* e como ela tem sido usada para fraudar o consumidor. Tendo como base livros e *sites* de organizações, descrevem-se os prejuízos causados por este tipo de ataque virtual. Explanam-se os números que representam o universo do *Internet Banking* e a importância do mesmo para o setor bancário. Apresenta-se a legislação que protege o consumidor brasileiro do *Internet Banking*. Estabelece-se uma base de *e-mails* de testes por acessibilidade, classificam-se os tipos de *e-mails*. Executam-se os mesmos para estabelecer indicadores estatísticos e medir a eficiência da proteção contra o *Phishing* Bancário apresentada pelos principais navegadores, clientes de *e-mail* e programas antivírus, e ainda publicam-se os e-mails de *Phishing* Bancário para trabalhos futuros. Ao final, sugerem-se orientações para a proteção do consumidor e os procedimentos pós ataque para as vítimas de *Phishing* Bancário.

Palavras-chave: Sistemas de Computação. Segurança da Informação. Engenharia Social. Sistema bancário. *Internet Banking*. *Phishing*.

ABSTRACT

The study shows the need for consumer protection against Phishing Banking in the use of Internet Banking. It describes the growth of technical Phishing and how it has been used to defraud consumers. Based on books and websites of organizations, describes the damage caused by this type of cyber attack. Explanam up the numbers that represent the universe of Internet Banking and the importance of it to the banking sector. It presents the legislation protecting the Brazilian consumer Internet Banking. It sets up a base of emails tests for accessibility, classified the types of emails. Running up the same statistical indicators to establish and measure the effectiveness of protection against Phishing Banking presented by major browsers, email clients and anti-virus programs, and still are published the emails Phishing Banking for future work. Finally, we suggest guidelines for consumer protection and procedures for post attack victims Phishing Banking.

Keywords. Computer Systems. Information Security. Social Engineering. Banking System. Internet Banking. Phishing.

LISTA DE FIGURAS

LISTA DE GRÁFICOS

LISTA DE ABREVIATURAS E SIGLAS

APWG	*Anti-Phishing Working Group*
CDC	Código de Defesa do Consumidor
CERN	*European Center for Nuclear Research*
CERT.br	Centro de Estudos, Respostas e Tratamentos de Incidentes de Segurança no Brasil
CIAB	Congresso Internacional de Automação Bancária
CP	Código Penal
CPC	Código de Processo Civil
DoS	*Denial of Service*
FEBRABAN	Federação Brasileira de Bancos
FTP	*File Transfer Protocol*
GIF	*Graphics Interchange Format*
HTML	*HyperText Markup Language*
HTTP	*HyperText Transfer Protocol*
HTTPS	*HyperText Transfer Protocol Secure*
IBGE	Instituto Brasileiro de Geografia e Estatística
IMAP	*Internet Mail Access Protocol*
IP	*Internet Protocol*
ISP	*Internet Service Provider*
JPEG	*Joint Photographic Experts Group*
MDA	*Mail Delivery Agent*
MIME	*Multipurpose Internet Mail Extensions*
MTA	*Mail Transfer Agent*
MUA	*Mail User Agent*
PNG	*Portable Network Graphics*
POP3	*Post Office Protocol 3*
RFC	*Request for Comments*
SMTP	*Simple Mail Transfer Protocol*
TCP/IP	*Transmission Control Protocol – Internet Protocol*
URL	*Uniform Resource Locator*
XHTML	*eXtensible HyperText Markup Language*

XML   *eXtensible Markup Language*

W3C   *Word Wide Web Consortion*

SUMÁRIO

1 INTRODUÇÃO

A Internet é a junção de várias redes de computadores conhecida como uma rede de abrangência mundial ou uma inter-rede. Os acessos aos serviços na Internet são dos mais diversos e vão desde a pesquisa científica, passando por entretenimento, notícias, comércio, redes sociais, *Internet Banking* e correio eletrônico, dentre outros (TANENBAUM, 2003).

O serviço de *Internet Banking* é descrito por Morimoto (2008), como as movimentações bancárias *on-line*, realizadas por meio de consumidores que utilizam um computador pessoal, um *smartfone* ou qualquer outro dispositivo com acesso a sua conta por meio da Internet. Tanenbaum (2003), completa que o uso do sistema bancário para realização de movimentação financeira é cada vez mais crescente, com muitas pessoas pagando as suas contas, realizando seus investimentos e administrando tudo eletronicamente por meio de uma página *Web* disponível via Internet.

O serviço de *e-mail*, também conhecido como correio eletrônico, é utilizado pelas pessoas, que os enviam e recebem constantemente. Neles trafegam todo o tipo de informação gerado em forma de texto. Além disso, os *e-mails* podem conter documentos em forma de anexos como os arquivos do Word, imagens, programas, *links* de *sites* e etc. Estes *links* referenciam para os mais diversos *sites* na Internet, podendo até mesmo apontar para *sites* fraudulentos que coletam informações pessoais do usuário (consumidor) com o objetivo de obter algum tipo de benefício da pessoa, na técnica conhecida como *Phishing*. Morimoto (2008) afirma que esta técnica de fraude bancária *on-line* é utilizada por pessoas mal intencionadas para obter os dados pessoais de um consumidor, como o número do cartão de crédito ou a senha de um banco, por exemplo.

Neste estudo, analisa-se a proteção do consumidor contra o *Phishing* Bancário no uso do *Internet Banking* através dos navegadores, clientes de *e-mail* e antivírus utilizando uma base de *e-mails* de teste.

Este Trabalho de Conclusão esta organizado da seguinte forma: No Capítulo 2 apresentam-se os Objetivos. No Capítulo 3 apresenta-se o referencial teórico. No Capítulo 4 apresentam-se as estatísticas do crescimento do *Phishing*. No Capítulo 5 apresenta-se o Material e Métodos. No Capítulo 6 apresentam-se o resultado e a discussão. No Capítulo 7 apresentam-se as considerações finais, finalizando com as Referências utilizadas.

2 OBJETIVOS

2.1 Objetivo Geral

Analisar a proteção do consumidor quanto ao *Phishing* Bancário ao utilizar os serviços de *Internet Banking*.

2.2 Objetivos Específicos

• Definir o *Phishing*;

• Demonstrar o crescimento do *Phishing* por meio de estatísticas realizadas com o uso do *Internet Banking*.

• Ilustrar como a legislação brasileira protege o consumidor do *Internet Banking*;

• Identificar o *Phishing* a partir de uma base de *e-mails* de teste;

• Medir a proteção contra o *Phishing* Bancário oferecida pelos navegadores, clientes de *e-mail* e programas antivírus.

3 REFERENCIAL TEÓRICO

A contextualização teórica deste estudo traz as contribuições dos autores Tanenbaum (2003), Kurose (2011) e Morimoto (2008), dentre outros, os quais discutem sobre Redes de Computadores, Sistemas Operacionais, *E-mail*, *Phishing* Bancário e *Internet Banking*, além de outras publicações citadas no decorrer do trabalho.

3.1 Redes de Computadores

A necessidade de comunicação do ser humano vem de muito tempo. Em toda a história sempre buscou-se uma maneira de se comunicar. Os avanços na área de comunicação são constantes e, a partir do século XX, ocorreu com maior impulso em relação às décadas anteriores. Teve-se a evolução dos meios de comunicação, que são: a) o desenvolvimento da telefonia em escala mundial; b) a invenção do rádio e da televisão; c) o nascimento da indústria da informática; d) o lançamento de satélites de comunicação. Todos esses meios de comunicação usufruem das redes de computadores, que se comunicam usando os mais diversos meios (TANENBAUM, 2003).

Além das redes de computadores, temos as redes que conectam dispositivos especiais para tratar os tipos de dados específicos, como voz, vídeo e toque de teclas. Os aparelhos que são utilizados são os de telefone, televisão e terminais. O que difere as redes de computadores das redes de comunicação é a peculiaridade. As redes de computadores não são peculiares de uma aplicação específica, são genéricas, com capacidade de transportar mais de um tipo de dado, sendo este o seu grande diferencial (PETERSON; DAVIE, 2003).

3.2 Sistema Operacional

O computador, com toda a sua estrutura de *hardware*, sem uma camada de *software*, não tem funcionalidade operacional. No entanto, ao se adicionar o *software*, podem-se obter algumas funcionalidades como: armazenar arquivos, processar informações, tocar músicas, visualizar vídeos, enviar *e-mails*, realizar pesquisas na Internet e outros tipos de atividades. Em uma analogia, os *softwares* do computador podem ser divididos em dois tipos: o programa de sistema e os programas aplicativos. O programa de sistema mais básico é o sistema operacional e sua principal tarefa é controlar todos os recursos de um computador e fornecer uma base na qual os programas aplicativos podem ser escritos e executados (TANENBAUM; WOODHULL, 2008).

O sistema operacional, que é executado nos computadores pessoais, trabalha no modo núcleo e no modo supervisor, protegido pelo *hardware* contra adulterações por parte do usuário. O interpretador de comando (o *Shell*), os sistemas de janelas, os compiladores, os editores e os programas aplicativos, não fazem parte do sistema operacional, por mais que sejam fornecidos por um fabricante do sistema. O usuário não trabalha diretamente no sistema operacional. Ele utiliza os aplicativos para realizar as atividades específicas, e estes, por sua vez, se comunicam com o sistema operacional, que se comunica com toda a arquitetura de *hardware* por meio da linguagem de máquina, considerada uma linguagem de baixo nível. Ela é responsável por executar instruções, principalmente a movimentação dos dados, execução de operações aritméticas e comparação de valores (TANENBAUM; WOODHULL, 2008).

O funcionamento do sistema operacional se baseia no gerenciamento dos recursos, que se constituem em definir o programa que receberá a atenção do processador em um determinado momento. Ele também é responsável por revezar a execução dos processos com outros programas, para assim determinar a execução de processos específicos do sistema e a execução de processos de programas aplicativos. Apesar de parecer que o sistema executa todos os processos ao mesmo tempo, não é assim. O sistema determina uma fatia de tempo para cada processo, assim, a alternância de processos é tão rápida, que o usuário de um computador pessoal pode pensar que tudo esta sendo executado ao mesmo tempo. O sistema operacional executa várias funções, dentre elas podemos destacar o gerenciamento de processos, o gerenciamento da memória, o sistema de arquivos e a entrada e saída de dados (VELLOSO, 2011).

Os *softwares* aplicativos são desenvolvidos pelas mais diversas empresas, todos com objetivos específicos para uma determinada aplicabilidade, no entanto, todos são executados sobre o sistema operacional. Os *softwares* para aplicação são os editores de texto, os reprodutores de vídeo, os reprodutores de músicas, os mensageiros instantâneos, os navegadores de Internet (conhecidos por *browsers*), os editores de imagens, dentre outros. Os fabricantes desenvolvem *softwares* aplicativos para os mais diversos sistemas operacionais existentes no mercado, alguns de código fechado e outros de código aberto conhecidos como *open source*. Nos sistemas operacionais de código fechado temos: a Microsoft com Windows e as suas versões e a Apple com o Mac OS X, dentre outros. Nos sistemas operacionais de código aberto temos o Linux Ubuntu, Mandriva, Debian, dentre outros (VELLOSO, 2011).

3.3 Internet, Navegador e *Site*

A *Web*, conhecida como *Word Wide Web*, é uma estrutura que permite o acesso a milhões de documentos vinculados a *hosts* na rede mundial de computadores. Em 1989, um físico do *European Center for Nuclear Research* - CERN, Tim Berners-Lee, teve a ideia de desenvolver o primeiro protótipo da Internet baseado em texto e, após 18 meses, já em 1991, em uma demonstração pública na conferência de *Hypertext* foi exposto o seu trabalho. Esta ideia chamou a atenção de vários pesquisadores, dentre eles, Marc Andreessen, que desenvolveu o primeiro navegador gráfico que foi chamado de Mosaic, lançado em 1993. Em 1994 foi lançado o Netscape Navigator por Marc Andreessen e o Internet Explorer pela Microsoft (TANENBAUM; WETHERALL, 2011).

O crescimento da Internet, o desenvolvimento de mais navegadores e a necessidade de padronização fez surgir em 1994 uma organização voltada para o desenvolvimento da *Web*, a *Word Wide Web Consortion* - W3C. Com a padronização do desenvolvimento, os navegadores passaram a apresentar algumas características comuns em seu funcionamento como apresentar o vínculo de uma página a outra página, ou seja, ao usuário clicar em um *link* o navegador deve apontar para outra página na *Web*. Isto é denominado hipertexto, uma página apontando para outra página. Outra característica do navegador é a capacidade de interpretar uma página *Web* e mostrá-la de forma apropriada para o usuário. Atualmente existem vários navegadores e os mais conhecidos são o Microsoft Internet Explorer, Mozilla Firefox e o Google Chrome (TANENBAUM; WETHERALL, 2011).

O usuário de um computador pessoal que possuiu uma conexão com a Internet pode clicar num aplicativo de navegação e abrir uma tela denominada de *browser* que lhe dá à capacidade de acessar uma página na *Web* por meio de um endereço de *Uniform Resource Locator* - URL, e sem que o mesmo tenha a necessidade do conhecimento do funcionamento da rede, obtém do serviço de um servidor remoto, uma página gráfica, permitindo a continuidade da interação (PETERSON; DAVIE, 2003).

O navegador é considerado a principal porta de acesso a Internet, é pelo navegador que muitos dos serviços *on-line* são executados, destacando-se o protocolo *Hypertext Transfer Protocol* - HTTP, para efetuar os pedidos de arquivos em um servidor *Web* e processar as respostas recebidas. Os navegadores de Internet geralmente apresentam as mesmas características de funcionalidade, que é a capacidade de ler e processar vários tipos de arquivos, sendo os mais comuns: *HyperText Markup Language* - HTML, *eXtensible Markup Language* - XML, *Joint Photographic Experts Group* - JPEG, *Graphics Interchange Format* - GIF e *Portable Network Graphics* - PNG. Há ainda arquivos adicionais executados através de *plugins* em Flash, Java e outros. Outros protocolos de transferência que se destacam são: *HyperText Transfer Protocol Secure* - HTTPS e *File Transfer Protocol* - FTP, dentre outros (VELLOSO, 2011).

Os vários tipos de navegadores apresentam características comuns de leitura e interpretação de arquivos, se distinguindo uns dos outros apenas por algumas peculiaridades quanto à funcionalidade, modo de execução e aparência. Os atuais navegadores suportam as versões padronizadas da linguagem HTML e *eXtensible HyperText Markup Language* - XHTML, assim exibem as páginas *Web* de maneira uniforme independente da plataforma que rodam. Em 2008 a W3C anunciou uma nova especificação do HTML, o HTML5, onde os navegadores devem trabalhar com recursos e conteúdos agregados, diminuindo a necessidade dos *plugins* de terceiros (VELLOSO, 2011).

O navegador Mozzila Firefox nasceu da liberação do código fonte do navegador Netscape. É um produto de código aberto que cresceu e se aperfeiçoou devido a uma comunidade desenvolvedora ativa. Com o suporte a extensões, lançadas diariamente, é possível fazer muitas coisas como: integração com *e-mail*, redes sociais e agendas; cliente FTP; gerenciador de HD virtual; e etc. (VELLOSO, 2011).

O navegador da Microsoft é o Internet Explorer. Lançado em 1994, com o seu código fonte fechado, passou por várias mudanças e atualizações, e atualmente se encontra na versão 9. Tem integração com alguns *plugins* e integra-se bem ao sistema operacional Windows 7, também da Microsoft (VELLOSO, 2011).

O termo *site* é de origem inglesa, possui o mesmo significado de sítio em português, e ambas as palavras possuem origem no latim *situs* que significa lugar demarcado ou posição. Dá a ideia de um local fixo no ambiente virtual, a Internet. O conjunto de informações que aparecem na tela do navegador é denominado de página. Já, um conjunto de páginas pertencentes a uma pessoa, empresa ou organização é denominado de *website* ou simplesmente *site*. Cada *site* possui um endereço próprio na Internet denominado URL. A ligação entre uma página e outra é denominada *hiperlink* ou simplesmente *link*. O termo navegar na Internet se refere ao usuário acessando e interagindo com as páginas de um *site* ou mais, através de seus *links* (VELLOSO, 2011).

Os *sites* em geral apresentam algum propósito na interação com o usuário e podem oferecer algum tipo de serviço. Podemos destacar: os institucionais; os de informações; de aplicações; de armazenagem de informações; os portais; os comunitários; os sites de busca e etc. Dentre os citados, os sites de busca são utilizados com frequência pelos internautas para realizar pesquisas a partir de uma palavra chave e navegar no conteúdo retornado. Estes resultados são possíveis devido aos *softwares* que funcionam como motor de busca, também conhecidos como *spiders* ou *robots*, que percorrem os diversos *sites* da *Web* cadastrando e classificando o seu conteúdo (VELLOSO, 2011).

Com o crescimento da *Web* e as novas técnicas de invasão, tornou-se necessário o aprimoramento da segurança dos navegadores. Nisso contribui o protocolo HTTPS, considerado um protocolo de transferência de hipertexto seguro, que ainda oferece uma forma mais rápida de apagar históricos da *Web*, apagar *cache* e *cookies*, sempre no sentido de proteger o usuário (VELLOSO, 2011).

O HTTPS teve sua origem em meados de 1995 pela Netscape, que criou um pacote de segurança chamado *Secure Socktes Layer* – SSL, para atuar em conjunto com o protocolo HTTP estabelecendo uma conexão entre um cliente *Web* e um servidor, gerando a criptografia e a compactação dos dados trafegados na rede, e que veio a se denominar HTTPS. O HTTP, que se caracteriza por não ser orientado à conexão e atuar na porta 80, contrasta com o HTTPS que permite movimentações financeiras *on-line* seguras e atua na porta 443 (TANENBAUM; WETHERALL, 2011).

3.4 E-mail e Spam

O serviço de e-mail, também conhecido como correio eletrônico, é uns dos serviços mais acessados em todo mundo via Internet, sendo considerado um dos serviços mais antigos. É um meio de comunicação mais barato que o correio tradicional e se popularizou desde os primeiros dias da Internet. Até a década de 1990 era conhecido apenas nos meios acadêmicos das universidades, após este período se difundiu mundialmente e seu crescimento se deu de forma exponencial superando facilmente o correio tradicional em número de mensagens enviadas e recebidas. Outros meios de comunicação usando a rede de computadores são as mensagens instantâneas e a voz sobre IP, mais conhecido como VOIP (TANENBAUM; WETHERALL, 2011).

O principal protocolo para transferência das mensagens de correio eletrônico é o Simple Mail Transfer Protocol - SMTP, foi originalmente definido na Request for Comments – RFC (documento que descreve os padrões de cada protocolo da Internet) de número 821 e depois revisado na RFC 5321. O SMPT trabalha em segundo plano nas máquinas servidoras de e-mail e o seu trabalho é mover de forma automática pelo sistema o e-mail do remetente ao destinatário bem como informar o status da entrega e eventuais erros. Os e-mails são enviados pelos agentes de transferência de mensagens no formato padrão, que da suporte também para conteúdo multimídia e o texto internacional sendo denominado de Multipurpose Internet Mail Extensions - MIME (TANENBAUM; WETHERALL, 2011).

Em 1996 o e-mail foi atualizado pela RFC 822 para permitir que a mensagem do correio eletrônico transportasse muitos tipos de dados, assim abriu-se a possibilidade de enviar o link de um site fraudulento, um vírus de computador ou qualquer software malicioso para um usuário remoto. Com isto temos os problemas relacionados à segurança do usuário final e os danos causados ao sistema operacional provenientes dos vírus (PETERSON; DAVIE, 2003).

O correio eletrônico é um meio de comunicação assíncrono, ou seja, as pessoas enviam e recebem a correspondência de e-mail quando quiserem, sem estar coordenadas com o horário uma das outras, que no caso do correio tradicional, só envia e recebe correspondência em horário comercial. O correio eletrônico atual é moderno, com ele é possível enviar mensagens de e-mail usando uma lista de mala direta para vários destinatários ao mesmo tempo, e podem-se incluir anexos como *hiperlinks*, textos formatados em HTML, documentos, fotos e etc. O funcionamento de um servidor de *e-mail* (também conhecido como Agente de Transporte de *E-mail*, acrônimo para *Mail Transfer Agent* – MTA) depende de três componentes principais que são: agentes de usuário conhecidos como clientes de *e-mail* (também conhecido como Agente de *E-mail* do Usuário, acrônimo para *Mail User Agent* - MUA); servidores de correio eletrônico (também conhecido como Agente Entregador de *E-mail*, acrônimo para *Mail Delivery Agent* – MDA); e o SMTP, que é o protocolo responsável pelo envio de mensagem, conhecido também como agente de transferência de mensagens (KUROSE, 2011).

O cliente de *e-mail* recebe a mensagem do servidor de correio eletrônico através de protocolos como: o *Post Office Protocol 3* - POP3 que esta definido na RFC 1939; o *Internet Mail Access Protocol* - IMAP definido na RFC 3501; e o HTTP, utilizado no *webmail*. A figura 1 exibe a ideia do funcionamento do serviço de *e-mail* (KUROSE, 2011).

Figura 1 – Protocolos de *E-mail* e Suas Entidades Comunicantes

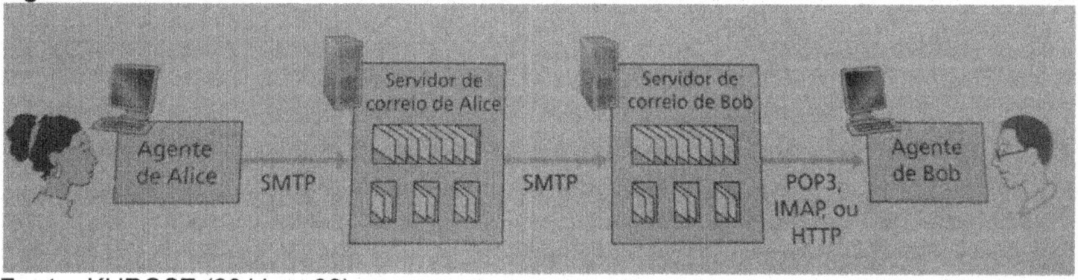

Fonte: KUROSE (2011, p. 93).

O serviço de *e-mail* pode ser acessado por um cliente de *e-mail*, ou via *browser* pelo usuário, através de uma página na *Web*, mais conhecida como *webmail*, onde o mesmo deve ter uma conta em um determinado servidor de *e-mail* para acessar o serviço. Ao acessar a página na *Web* do servidor de *e-mail*, o usuário precisa digitar o seu usuário (*login*) e a sua senha. Esta informação será enviada para o servidor para que o mesmo identifique e valide, e em caso positivo, encontre a caixa do correio do usuário e monte uma página *Web* no mesmo momento, listando o conteúdo da caixa do correio (TANENBAUM; WETHERALL, 2011).

O *spam* (abreviação do termo inglês "*Spiced Ham*", que significa literalmente "presunto temperado" e desde a década de 80 utilizado pelos programadores para se referirem a algo chato, indesejado ou empurrado contra a sua vontade) tem se tornado bastante comum, parte devido aos bancos de dados de *e-mails* mantido por algumas pessoas e vendido para outras, muitos deles criminosos, com o objetivo de levar o usuário a algum outro *site* para oferecer algum produto ou serviço ou para roubar alguma informação através da técnica de *phishing* ou ainda, instalar um vírus ou outro programa na máquina do mesmo. Os *Spams* são mensagens de *e-mail* distribuídas e recebidas sem a vontade do usuário e são considerados lixos eletrônicos. É bastante comum virem carregados com programas de macro ou arquivos executáveis que podem causar sérios danos aos computadores pessoais, ou mostrarem páginas comerciais onde possuem um *link* para o usuário realizar algum tipo de interação de compra (TANENBAUM, 2003).

A quantidade de lixo eletrônico tem se tornado assustador. Os *spams* são distribuídos em sua maioria a partir de uma rede de computadores infectados, conhecida como *botnets*. O conteúdo apresentado em *e-mails* de *spam*, geralmente depende da região onde o usuário está. Vão desde ofertas de produtos baratos de origem duvidosa até pílulas para aumentar o desempenho sexual, dentro outros (TANENBAUM; WETHERALL, 2011).

Os provedores de serviços da Internet chamados de Internet Service Providers - ISPs, implementam soluções para a detecção de *spams* que consistem em filtros que analisam a origem do *e-mail* e podem classifica-lo como lixo eletrônico, enviando-o para uma pasta específica separada da caixa de entrada do usuário. Este filtro se baseia primeiramente na lista de *spamers* (criminosos que criam os *spams*) conhecidos, depois no tipo de assunto, e finalmente na quantidade de usuários recebendo o mesmo tipo de *e-mail* ou assunto (TANENBAUM, 2003).

3.5 *Hackers, Crackers e Malwares*

Os ataques a páginas de instituições e *sites* de governos, dentre outros, tem sido bastante comuns. Notícias deste tipo são divulgadas pelo rádio e televisão. Um *site* é invadido e o seu conteúdo é alterado e passa a conter material ofensivo. A mídia denomina os autores deste ataque como *hackers* e os associa a toda e qualquer pessoa que realiza algum tipo de invasão a computadores, no entanto muitos programadores reservam esse termo aos ótimos programadores, e a estes invasores chamam de *crackers* (TANENBAUM, 2003).

Os ataques causados por *crackers* sempre repercutiram em algum tipo de dano. Dentre os casos mais sérios que ocorreram podemos citar a invasão do *site* do Hotmail da Microsoft em 1999, onde se criou um *site* espelho que guardava as informações do usuário do Hotmail com objetivo de ler o conteúdo do correio eletrônico do mesmo. Outro caso relatado é o de um *cracker* russo que invadiu um *site* de comércio eletrônico e conseguiu roubar as informações de 300.000 cartões de crédito dos clientes e após pediu US$ 100.000 para o proprietário do *site* para não postar os números na Internet, o proprietário duvidou e as informações vieram a público. Casos como estes acontecem diariamente, sem contar os ataques de negação de serviço que derrubam um site inteiro e resultam em milhares de dólares em negócios perdidos (TANENBAUM, 2003).

O tráfego de dados na rede mundial de computadores pode carregar consigo, além das informações requeridas, algum tipo de código malicioso conhecido como *malware*, termo que se refere aos programas de computadores que são nocivos por de alguma forma causar danos ou prejuízos. Geralmente são escritos por alguém com muito conhecimento técnico, indivíduo este considerado como intruso, pois se utiliza de *software* para invadir, danificar e obter informações confidenciais alheias e outros propósitos específicos (TANENBAUM; WOODHULL, 2008).

Os *malwares*, em sua maioria, são desenvolvidos para se propagar o mais rápido possível pela Internet e tentar infectar o maior número de máquinas que conseguir. Ao infectar um computador, um *software* é instalado como o objetivo de fornecer informações da máquina, principalmente o seu endereço na Internet. Posteriormente a mesma é adicionada a um grupo de computadores em um determinado local onde passa a ser controlada pelos criminosos que desenvolveram o programa, técnica conhecida como zumbi, e o grupo de máquinas são denominados de *botnet*, abreviação de *robot network*, ou redes robô. Por serem de fácil controle dos criminosos estas *botnets* são usadas para os mais diversos fins ilícitos, inclusive comerciais como o envio de *spams* (TANENBAUM, 2009).

3.6 *Phishing, Phisher, Phishing* Bancário e Engenharia Social

O *phishing* é uma técnica de engenharia social, onde é enviado um *e-mail* de uma página *Web* forjada para um consumidor. Esta página pode ser uma cópia da página de um Banco ou até mesmo do *site* de uma loja ou instituição financeira, onde é solicitado ao consumidor que realize algum tipo de recadastramento. Ao clicar no *link* que é proposto, abre-se uma página *Web* semelhante à página do banco ou da instituição que o consumidor costuma acessar. Nesta página o mesmo deposita as informações pessoais que são enviadas para o *site* malicioso, que coleta as suas informações (MORIMOTO, 2008).

O *Phisher* (criminoso virtual que utiliza a técnica de *Phishing*) espera obter informações pessoais dos usuários. Estas informações geralmente estão relacionadas ao número do cartão de crédito, usuário e senha de um sistema bancário *on-line*, e é definida também como roubo de identidade. Os criminosos coletam informações suficientes sobre uma determinada pessoa, não só para uso no *Internet Banking*, mas também para gerar novos cartões de crédito e até falsificar outros documentos da vítima (TANENBAUM; WETHERALL, 2011).

As técnicas de *Phishing* são bastante audaciosas e realizadas por criminosos experientes, o que leva muitas vezes o consumidor a cair nesse tipo de ataque virtual. Uma das justificativas que o levam a fornecer informações pessoais é a notificação de que o mesmo precisa recadastrar-se para usar um sistema *on-line*. Após o fornecimento dos dados, é mostrada uma mensagem para aguardar um determinado tempo para acessar novamente o sistema, pois o mesmo estaria passando por manutenção. Este tempo é suficiente para que o criminoso realize a transferência do dinheiro da vítima para outra conta (MORIMOTO, 2008).

O *Phishing* Bancário consiste na apropriação das informações pessoais do cliente do banco com finalidades ilegais sendo enquadrado como crime de furto de identidade com a peculiaridade de ser realizado via Internet com a finalidade de realizar a transferência de numerário existente em contas bancárias (REINALDO FILHO, 2008).

A engenharia social é uma combinação da engenharia, que é o estudo da habilidade de criar, inventar e manipular a partir do conhecimento técnico; e do social, que são as forças externas a um individuo, o meio em que vive, o seu comportamento e o seu modo de agir. O sucesso da engenharia social é o fator humano. Por mais eficiente que sejam as tecnologias da segurança da informação como os *firewalls*, antivírus e *anti-spywares*, e por melhores que sejam os processos de implantação e manutenção das mesmas, pode ocorrer o comprometimento por parte de quem opera o sistema. É como uma segunda rota para invasão e roubo da informação (BRAGA, 2011).

A engenharia social é considerada como um ataque de alto risco se apoiando na falha da interpretação do cérebro humano para sua execução eficaz. Esta vinculada ao ato de manipular as pessoas para realizar algum tipo de ação fraudulenta ou divulgar informações confidenciais. A vítima coopera acreditando estar contribuindo com algo, sem imaginar estar sendo manipulada intelectualmente. É utilizada na área da ciência política para fins de manipulação em massa da população e também na área da segurança da informação como uma ação de manipulação psicológica de cooperação com o criminoso. (LENNERT; OLIVEIRA, 2011).

O erro humano é o fator mais fraco no elo no sistema de segurança da informação. Podemos definir como erro humano, todo o comportamento inseguro ou até mesmo um momento de distração, que poderá ser usando por um criminoso como um meio para invadir ou comprometer um sistema. O maior problema no erro humano é o fato de não poder ser corrigido em sua totalidade, apenas mitigado ou minimizado. Nenhuma pessoa é perfeita o tempo todo e nenhum treinamento pode mudar esta característica do ser humano (BRAGA, 2011).

3.7 Crime Virtual, Prova Pericial e Direito Digital

De acordo com Levy (1999), o mundo real pode ser simulado fielmente no mundo virtual, ou nele criado totalmente diferente. O usuário do mundo virtual pode construir uma imagem referente à sua personalidade totalmente diferente da aparência cotidiana. Podem simular-se ambientes físicos e imaginários ou até hipotéticos, mas sempre serão submetidos às leis dos governantes de cada nação. Assim, Furukawa e Di Domênico (2012) evidenciam que o crime virtual é a técnica de utilizar o computador como ferramenta, para realização de qualquer ato ilícito no mundo virtual que reflita no mundo real e venha prejudicar qualquer indivíduo.

De acordo com Gatto (2011), o crime virtual tem grande reflexo no mundo real, não sendo possível mais separá-los. Já a facilidade de se cometer crimes na Internet se dá pelo rápido impulso da informatização e pelo fato dos criminosos se aproveitarem da inocência dos usuários. Iocca (2012) acrescenta que, com o advento da Internet e a facilidade das ferramentas de comunicação, as pessoas passaram a usá-la como meio de realizar e organizar crimes virtuais, os *cibercrimes* ou crimes cibernéticos. O termo *ciber* vem do grego *Kubernétés* que pode ser associado à arte de pilotar, controlar e governar uma máquina.

Mallmann (2011) ao citar Noronha (1998), evidencia que, no caso de disputa judicial que envolve crime virtual, o perito pode ser solicitado a apresentar prova digital (prova pericial), cuja importância, segundo Freire (2011), é dar segurança ao julgador na resolução de uma lide. Paganelli e Simões (2012) acrescentam que a prova pericial faz com que a verdade surja, e completa que a insuficiência de provas pode levar o magistrado a julgar a demanda improcedente abstendo-se do julgamento do mérito da causa.

A perícia eletrônica forense, segundo Freire (2011), consiste em empregar os conhecimentos de computação, por meio dos métodos científicos para responder questionamentos jurídicos. Mallmann (2011) ao citar Shinder e Cross (2008), completa que neste tipo de perícia, as evidências digitais não podem ser modificadas durante o processo de leitura digital que antecede a análise.

O direito digital, segundo Paganelli e Simões (2012) constitui um desafio aos operadores do direito, visto que a informação utilizada nos meios telemáticos é intangível gerando um obstáculo à realização de provas para a elucidação de um processo. Não há nenhum tipo de impedimento para a aceitação das provas virtuais oriundas do mundo virtual. A maior dificuldade é conciliar as ciências humanas (o direito) com as ciências exatas (a computação). A maior fraqueza da prova eletrônica é o fato de poder ser alterada facilmente, inclusive por uma simples visualização pelo sistema computacional. E no caso de imagens, o Código de Processo Civil - CPC exige que venha acompanhada do negativo, algo inexistente na fotografia digital.

Agora, quanto à identificação do agente ativo (criminoso virtual), Paganelli e Simões (2012) concordam na identificação do usuário pelo endereço *Internet Protocol* - IP da tecnologia *Transmission Control Protocol – Internet Protocol* - TCP/IP, que todo dispositivo eletrônico que acessa a Internet possui, e que segundo a legislação brasileira, obriga os provedores a manterem em *log* (arquivo de registro de atividades com data e horas, além de outras informações) os dados do usuário e a ligação com o IP utilizado, mas ressaltam que comprovadamente cinquenta por cento dos endereços atribuídos a um determinado usuário, na verdade não o estão identificando corretamente. Gatto (2011) vai além, expressando que não há nenhuma necessidade de identificação e nenhum controle de acesso obrigatório para o usuário brasileiro utilizar a Internet, enfraquecendo a identificação pelo IP que é fornecido pelo provedor de acesso e pode mudar a cada conexão. Com o advento das redes sem fio e da Internet pública, em que qualquer usuário pode se conectar utilizando um computador móvel, fica praticamente impossível encontrar e punir um usuário especificamente.

Quanto ao crime virtual, cabe salientar que qualquer pessoa pode cometê-lo bastando para isso a sua capacidade. Com a facilidade de se encontrar detalhadamente na Internet, como agir para se praticar um determinado crime virtual, e com a sensação cada vez mais clara de total anonimato, pessoas comuns se transformam em agentes ativos de um crime virtual. A sensação de impunidade acaba também atraindo criminosos do mundo real para o mundo virtual.

Quanto à responsabilidade civil e penal dos provedores de Internet, Gatto (2011), salienta que, os mesmos têm o histórico das páginas acessadas e as informações enviadas ou recebidas, porém, os mesmos não vêm contribuindo para a liberação de dados em investigações criminais, pois alegam que fere o princípio da intimidade de seus clientes por se tratar de dados pessoais. Além de que, à possibilidade do provedor responder passivamente por um crime virtual, faz com que ele não fira o princípio da auto incriminação, ao produzir provas contra ele mesmo. Mas Paganelli e Simões (2012), afirmam que não há nenhum tipo de regramento padronizado para que as empresas nacionais armazenem e identifiquem o endereço IP atribuído ao usuário, vindo então a inferir na representação da verdade nos fatos.

3.8 Legislação Utilizada Para Tratar do Crime de *Phishing* Bancário

A legislação brasileira pode tratar do crime de *Phishing* Bancário responsabilizando as partes envolvidas, no entanto, quanto à responsabilização do provedor de acesso a Internet, para Freire (2011), a resposta é negativa, pois estes ficam limitados à disposição de conexão à rede, atuando como meros intermediários, além de que, uma eventual responsabilização depende da comprovação da ciência prévia do ato ilícito e da sua inércia em agir. Para Santos (2012), por desenvolverem uma atividade tipicamente de consumo, devem apenas responder pela qualidade e a segurança da conexão.

Quanto à responsabilização do provedor de serviços de hospedagem do *site* falso, para Reinaldo Filho (2008) e Santos (2012), a resposta é negativa, pois o provedor não tem uma obrigação geral de vigilância sobre as informações que os usuários armazenam, pois atua fornecendo a infraestrutura técnica e sobre o conteúdo armazenado não tem qualquer ingerência. Se o mesmo for solicitado a retirar o conteúdo denunciado de página eletrônica hospedada em seu sistema informático, e permanecer inerte, ou se recusar a identificar o ofensor, pode ser responsabilizado solidariamente.

Em relação aos provedores de serviço de *e-mail*, para Reinaldo Filho (2008) e Freire (2011), a resposta é negativa, pois não se pode exigir que o provedor tivesse a obrigação de triagem das mensagens, a menos que o usuário tenha um contrato com cláusula expressa neste sentido. Em geral os prestadores de *webmail* utilizam técnicas de proteção com a utilização de filtros e ferramentas de inteligência artificial para bloquear as mensagens não solicitadas. Para Santos (2012), devem atuar observando o caráter sigiloso da comunicação.

Os bancos prestadores do serviço de *Internet Banking*, para Reinaldo Filho (2008), podem sim serem chamados à responsabilização, para reparar os danos patrimoniais do ilícito, devido a sua posição na cadeia de comunicação telemática, que o coloca em posição de interferir e impedir os efeitos da ação do *phisher* (criminoso virtual que cria o *Phishing*), e por controlar tecnicamente o acesso ao serviço de *Internet Banking*. Assim, podem-se prevenir os ataques de forma mais eficaz. Além disso, o banco mantém uma relação contratual para a prestação deste serviço, e os computadores pessoais dos clientes são uma extensão do sistema de *Internet Banking*. Os bancos poderiam ter fornecido computadores especiais invioláveis, mas, ao invés disso optaram por utilizar os dos próprios clientes, como um recurso disponível. Essa deliberada opção vincula os computadores pessoais e a Internet como uma extensão do sistema, incluindo o mais elevado grau de riscos e perdas. No caso, é como se a vítima tivesse sido fraudada no interior da agência bancária ou no caixa eletrônico.

A responsabilização dos bancos na reparação dos efeitos financeiros resultantes do *Phishing* Bancário é também de ordem econômica devido a sua supremacia e capacidade, representando o menor peso. Sofrendo responsabilização, os bancos se sentem na obrigação de desenvolverem ferramentas tecnológicas mais adequadas à realidade do *Phishing* Bancário como a certificação digital e a identificação biométrica. A responsabilidade contratual do banco forma uma relação de consumo com o cliente, e nesse caso deve ser regida pela Lei 8.078/90[1] (Código de Defesa do Consumidor), e a jurisprudência vem fazendo recursos desta norma para definir a responsabilidade dos bancos em matérias de fraudes eletrônicas tratando da responsabilidade não culposa já que os Art. 12 e 14 do CDC atribuem à responsabilidade dos fornecedores, independente da existência da culpa, pela reparação dos danos causados aos consumidores. Portanto o CDC, em seu Art. 20, foi além e impôs um dever legal para o fornecedor, uma garantia implícita de adequação e segurança de seus produtos e serviços. Uma interpretação razoável do artigo demonstra que: o sistema de *Internet Banking* que não proteja o cliente contra o *Phishing* Bancário apresenta vício de qualidade e é impróprio ao consumo.

Quanto à legislação para criminalizar a conduta do ofensor direto, o *phisher*, para Reinaldo Filho (2008) e Gatto (2011) pode-se invocar o art. 171 do CP[2] (Código Penal) - Decreto Lei 2848/40, que prevê a figura do estelionato que corresponde a "obter, para si ou para outrem, vantagem ilícita, em prejuízo alheio, induzindo alguém em erro, mediante artifício, ardil ou qualquer outro meio fraudulento", impondo-lhe as sanções previstas que são: reclusão, de um a cinco anos, e multa.

Quando o criminoso consegue subtrair de forma não autorizada os numerários existentes na conta da vítima, para Reinaldo Filho (2008), têm-se o agravante do crime de furto qualificado, previsto no Art. 155, § 4. do CP[3], impondo-lhe as sanções previstas que são: reclusão, de dois a oito anos, e multa.

Uma legislação específica para reprimir o crime de *Phishing* tem a vantagem de facilitar o enquadramento criminal, inclusive em determinadas situação de conduta como a mera tentativa. Neste sentido, o Brasil (2012), apresenta a recente aprovação da Lei 12.735[4] (ANEXO A), de 30 de novembro de 2012 que altera o Decreto-Lei nº 2848, de 07 de dezembro de 1940 - Código Penal e a Lei nº 9296, de 24 de julho de 1996 e dispõe sobre os crimes cometidos na área de informática, e suas penalidades, norma jurídica gerada a partir da PLC 89-2003[5] no Senado, que compõe o Projeto sobre Crimes Tecnológicos através do tipo chamado de "falsidade informática", e da PL 84-99[6] na Câmara, que caracteriza como crime informático ou

---

[1] http://www.planalto.gov.br/ccivil_03/leis/L8078.htm
[2] http://www.jusbrasil.com.br/legislacao/anotada/2333540/art-171-do-codigo-penal-decreto-lei-2848-40
[3] http://www.jusbrasil.com.br/legislacao/anotada/2336761/art-155-par-4-inc-iv-do-codigo-penal-decreto-lei-2848-40
[4] http://www6.senado.gov.br/legislacao/ListaTextoIntegral.action?id=246189&norma=265893
[5] http://www.senado.gov.br/atividade/materia/detalhes.asp?p_cod_mate=63967
[6] http://www.camara.gov.br/proposicoesWeb/fichadetramitacao?idProposicao=15028

virtual os ataques praticados por "*hackers*" e "*crackers*", em especial as alterações de "*home pages*" e a utilização indevida de senhas.

3.9 *Internet Banking*

A Internet proporciona ao usuário realizar vários serviços *on-line*. Um dos serviços utilizados é o *Internet Banking*, que se constitui de um sistema de movimentação financeira *on-line*, onde se utiliza de cartões da conta ou de débito/crédito para compras e pagamentos de água e luz, dentre outros. O consumidor que possui um dispositivo com conexão a Internet e um navegador é capaz de acessar o serviço de um sistema bancário de uma determinada agência. Normalmente o serviço é oferecido sem custo adicional e para se usufruir do mesmo, o consumidor deve se cadastrar em sua agência onde é disponibilizado um *login* e uma senha de acesso ao *Internet Banking* (MORIMOTO, 2008).

A utilização do *Internet Banking* traz muitos benefícios à população, dentre eles a mobilidade e o conforto, onde o consumidor não necessita se dirigir até uma agência bancária para realizar alguns tipos de transações financeiras como os pagamentos, bastar ter acesso a Internet. O consumidor que utiliza este sistema pode estar sujeito a algum tipo de fraude bancária *on-line*, onde pode ser vítima de algum tipo de invasão ao seu computador ou ao roubo de informações pessoais como o número do cartão de crédito e a senha de acesso ao sistema bancário (MORIMOTO, 2008).

4 ESTATÍSTICAS DE CRESCIMENTO DO *PHISHING*

Neste Capítulo apresentam-se as estatísticas de crescimento do *Phishing* Bancário e outros indicadores do sistema bancário de acordo com o IBGE, FEBRABAN e CERT.br. Tal Capítulo justifica-se pela importância dos indicadores e a sua relação com o estudo apresentado ao traduzir o sistema bancário em números.

A população brasileira, segundo o levantamento estatístico realizado em 2010 pelo Instituto Brasileiro de Geografia e Estatística - IBGE[7], atingiu o número de 190.755.799 habitantes, com uma estimativa divulgada em 31 de agosto de 2012 e referenciada em 1º de julho de 2012, apontando um crescimento de 3.191.087 habitantes, totalizando estimados 193.946.886 habitantes (IBGE, 2012).

Os brasileiros que possuem conta no sistema bancário, em levantamento realizado pelo Congresso Internacional de Automação Bancária - CIAB e a Federação Brasileira de Bancos - FEBRABAN[8], apontaram em 2011 para 54 milhões de pessoas, conforme o Gráfico 1. A população bancarizada cresceu 6,3% em 2011, principalmente nas classes mais populares (CIAB; FEBRABAN, 2012).

Gráfico 1 – População Bancarizada no Brasil

Fonte: CIAB; FEBRABAN (2012).

O número de contas correntes e poupanças ativas em 2011 ultrapassam mais de 190 milhões, sendo que 92 milhões são de contas correntes e 98 milhões de contas poupanças, conforme o Gráfico 2. Com um crescimento de 3,8%, o avanço

---

[7]http://www.ibge.gov.br/home/presidencia/noticias/noticia_visualiza.php?id_noticia=2204&id_pagina=1
[8]http://www.febraban.org.br/Noticias1.asp?id_texto=1591&id_pagina=59&palavra=

fica acima do crescimento vegetativo da população de 0,9% (CIAB; FEBRABAN, 2012).

Gráfico 2 – Contas Correntes Ativas e Contas Poupança
(em milhões - 2002- 2011)

Fonte: CIAB; FEBRABAN (2012).

As contas correntes com *Internet Banking* são em torno de 42 milhões em 2011 com um crescimento de 11% em relação a 2010, segundo o mesmo levantamento (Gráfico 3). O maior uso é viabilizado pelo acesso a banda larga associada a investimentos em segurança pelos bancos (CIAB; FEBRABAN, 2012).

Gráfico 3 – Contas Correntes com *Internet Banking*
(em milhões - 2002-2011)

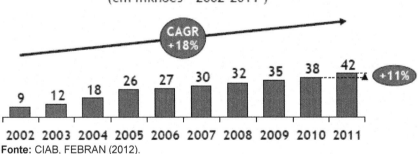

Fonte: CIAB, FEBRAN (2012).

Atualmente a movimentação financeira com *Internet Banking* é de 46% sobre as contas ativas, atingindo patamares próximos aos países desenvolvidos que variam de 50% a 56% e se firmando como o canal preferido para as transações bancárias, superando o autoatendimento, os cartões e as agências, apresentado no Gráfico 4 (CIAB; FEBRABAN, 2012).

Gráfico 4 – Penetração de *Internet Banking*

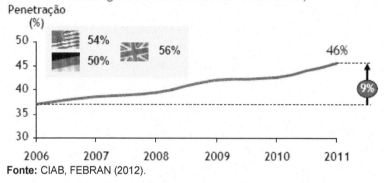

Fonte: CIAB, FEBRAN (2012).

No cenário nacional, existe a perda financeira com fraudes bancárias *on-line*[9], atingindo a soma de R$ 685 milhões no primeiro semestre de 2011, com um aumento de 36% em relação ao mesmo período de 2010, apresentado no Gráfico 5 (FEBRABAN, 2011).

Gráfico 5 – Perdas com fraudes bancárias em milhões

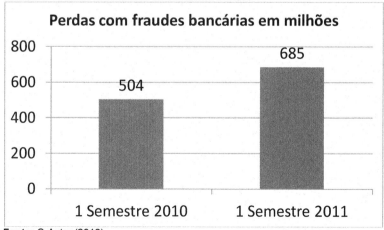

Fonte: O Autor (2013).

---

[9]http://www.febraban.org.br/Noticias1.asp?id_texto=1321&id_pagina=61&palavra=fraude

34

O Centro de Estudos, Respostas e Tratamentos de Incidentes de Segurança no Brasil - CERT.br[10], detalha a quantidade de ataques virtuais, onde são relatados todos os tipos de incidentes com algum intuito financeiro, no período entre janeiro de 1999 e setembro de 2012, com 399.515 ataques virtuais em 2011, e chegando próximo a esse número, já em setembro de 2012, na casa dos 356.946 conforme o Gráfico 6. Os ataques virtuais cresceram 279,68% em 2011 em relação a 2010. (CERT.BR, 2012).

Gráfico 6 – Mostra o Total de Incidentes Reportados ao CERT.br por Ano

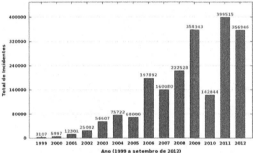

Fonte: CERT.br (2012).

Os indicadores da Tabela 1 apresentam os incidentes do trimestre de julho a setembro de 2012 classificados por tipo de ataque[11] virtual, sendo que o título destacado como "fraude" com 17.892 ataques virtuais, compreende em sua maioria, o *Phishing* (CERT.BR, 2012).

Tabela 1 – Totais Mensais e Trimestral Classificados por Tipo de Ataque Virtual.

Mês	Total	Worm	DOS	Invasão	Web	Scan	Fraude	Outros
Jul	42104	2922	17	1320	2899	20638	6580	7728
ago	60018	2867	40	659	1717	41741	5582	7412
set	53501	3157	9	1043	1359	35571	5730	6632
Total	155623	8946	66	3022	5975	97950	17892	21772

Legenda. Worm: notificações de atividades maliciosas relacionadas com o processo automatizado de propagação de códigos maliciosos na rede.
Dos (DoS – Denial of Service): notificações de ataques de negação de serviço, onde o atacante utiliza um computador ou um conjunto de computadores para tirar de operação um serviço, computador ou rede.
Invasão: um ataque bem sucedido que resulte no acesso não autorizado a um computador ou rede.
Web: um caso particular de ataque visando especificamente o comprometimento de servidores Web ou desfigurações de páginas na Internet.
Scan: notificações de varreduras em redes de computadores, com o intuito de identificar quais computadores estão ativos e quais serviços estão sendo disponibilizados por eles. É amplamente utilizado por atacantes para identificar potenciais alvos, pois permite associar possíveis vulnerabilidades aos serviços habilitados em um computador.
Fraude: segundo Houaiss, é "qualquer ato ardiloso, enganoso, de má-fé, com intuito de lesar ou ludibriar outrem, ou de não cumprir determinado dever; logro". Esta categoria engloba as notificações de tentativas de fraudes, ou seja, de incidentes em que ocorre uma tentativa de obter vantagem.
Outros: notificações de incidentes que não se enquadram nas categorias anteriores.
Fonte: CERT.br (2012).

[10]http://www.cert.br/stats/incidentes/
[11]http://www.cert.br/stats/incidentes/2012-jul-sep/total.html

Com relação aos números mencionados na Tabela 1, as tentativas como "fraude" virtual[12] foram classificadas em 55,43% como páginas falsas ou *Phishing*, 32,06% como cavalos de troia, 8,29% como violação de direitos autorais 8,29% e outras tentativas de fraudes virtuais ficaram em 4,21% conforme o Gráfico 7 (CERT.BR, 2012).

Gráfico 7 – Tentativas de Fraude Virtual Reportada.

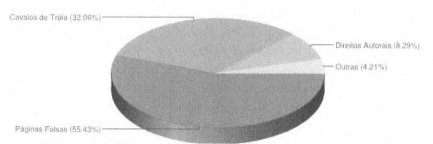

Legenda. Cavalos de Troia: Tentativas de fraudes virtuais com objetivos financeiros envolvendo o uso de cavalos de troia. Páginas Falsas ou *Phishing*: Tentativas de fraude com objetivos financeiros envolvendo o uso de páginas falsas. Direitos Autorais: Notificações de eventuais violações de direitos autorais. Outras: Outras tentativas de fraudes virtuais.
Fonte: CERT.br (2012).

Neste Capítulo apresentaram-se as estatísticas de crescimento do Phishing Bancário e outros indicadores. No próximo descreve-se o material e métodos utilizados na aplicação deste trabalho.

[12]http://www.cert.br/stats/incidentes/2012-jul-sep/fraude.html

5 MATERIAL E MÉTODOS

Neste Capítulo apresentam-se os materiais usados e os métodos empregados com o objetivo de analisar a proteção do consumidor contra o roubo de informações pessoais pela técnica conhecida como *Phishing* Bancário no uso do *Internet Banking* incluindo um levantamento estatístico científico.

Realizou-se a fundamentação teórica dos principais tópicos que foram utilizados no decorrer do presente trabalho através de pesquisa bibliográfica, trazendo conceitos e explicações sobre o assunto, através de livros, artigos e *sites;* apresentou-se a legislação utilizada para tratar do crime de *Phishing* Bancário e proteger o consumidor do *Internet Banking;* descreveram-se as estatísticas sobre o crescimento do *Phishing* Bancário.

Disponibiliza-se uma base[13] de *e-mails*[14] de *Phishing* Bancário para testes, adquiridos por acessibilidade, inclusive para trabalhos futuros; executam-se os *e-mails* de *Phishing* Bancário da base de testes para gerar estatísticas dos bancos alvo dos *phishers;* verifica-se a eficiência de alguns navegadores, clientes de *e-mail* e antivírus quanto à proteção contra o *Phishing* Bancário; e, finalmente, apresentam-se algumas orientações para a proteção do consumidor de *Internet Banking* e os procedimentos pós ataque para as vítimas de fraude bancária *on-line.*

5.1 Base de *E-mails* para Teste

A base de *e-mails* para teste foi montada por acessibilidade, que segundo Miguel (1970) é uma classificação da amostragem não probabilística onde os elementos ou sujeitos são escolhidos por serem mais acessíveis. O laboratório iniciou-se em 3 de julho de 2012 e encerrou-se em 28 de dezembro de 2012, prazo em que se escrevia este trabalho. Utilizou-se uma conta de *e-mail* de um órgão público, em atividade desde 01 de janeiro de 2006, em um servidor SendMail[15] sem nenhum filtro de conteúdo ou de remetente/destinatário para a conta utilizada.

Utilizando-se o cliente de *webmail* do servidor de *e-mail*, leram-se e classificaram-se todos os *e-mails* recebidos de acordo com a sua utilidade movendo-

---

[13] https://docs.google.com/folder/d/0BxpSp1Bx2WwxR0JEUk1nYmRjdGs/edit
[14] https://www.dropbox.com/sh/mhjqgxitlu877yi/YYQ6i4ZMcs
[15] http://www.sendmail.com/

37

os para as pastas "*spam*", "*Phishing*" ou "válidos" conforme o caso, pastas estas criadas especificamente para este fim. No caso da pasta "*Phishing*", foram criadas e utilizadas às subpastas: "*Phishing* Financeiro"; "*Phishing* Social"; "*Phishing* de Cartão de Crédito", conforme cada caso, documentando-se as quantidades encontradas nas classificações propostas. Concluída a classificação, deixou-se na caixa de entrada apenas os *e-mails* de *Phishing* Bancário, para o recebimento, processamento e execução nos cenários seguintes.

Do lado cliente, utilizaram-se três cenários montados por acessibilidade, sendo que os clientes de *e-mail* foram configurados para deixarem as mensagens no servidor como parte do próximo cenário. Em cada cenário preservou-se os Sistemas Operacionais previamente instalados, os clientes de *e-mail*, os navegadores da Internet e os softwares antivírus, sempre com o objetivo de simular-se o ambiente real dos usuários de *Internet Banking*. Um a um os *e-mails* foram recebidos, processados, clicou-se nos *links* propostos para executá-los no navegador, sendo os resultados devidamente documentados conforme os cenários que seguem:

1)   Primeiro cenário: Sistema Operacional Linux Ubuntu[16] 12.04.1 LTS 32 Bits num computador pessoal AMD Phenon II X4 B95 com 4GB RAM e Disco Rígido de 327,9Gb, marca HP COMPAQ 6005 Pro, utilizando o cliente de *e-mail* Mozilla Thunderbird[17] 16.0.1 e o navegador Mozilla Firefox[18] for Ubuntu 16.0.1, todos em suas configurações padrão;

2)   Segundo cenário: Sistema Operacional Microsoft Windows XP[19] Professional Versão 2002 Service Pack 3 32 bits num computador pessoal Intel Core 2 Duo @2.20GHz com 512MB a 729MHZ RAM e Disco Rígido de 15,7Gb PATA, sem marca, utilizando o cliente de *e-mail* Microsoft Outlook Express[20] 6 Versão 6.00.2900.5512 e o navegador Microsoft Windows Internet Explorer 8[21] Versão 8.0.6001.18702 com nível de codificação de 128bits. Na sequência, utilizando o navegador Google Chrome[22] Versão 23.0.1271.97m, todos em suas configurações padrão;

[16] http://www.ubuntu.com/
[17] http://www.mozilla.org/pt-BR/thunderbird/
[18] http://www.mozilla.org/pt-BR/firefox/new/
[19] http://windows.microsoft.com/pt-BR/windows/windows-help#v1h=win8tab1&v2h=win7tab1&v3h=winvistatab1&v4h=winxptab1&windows=windows-xp
[20] http://support.microsoft.com/kb/270696/PT-BR
[21] http://windows.microsoft.com/pt-BR/internet-explorer/products/ie-8/features/faster
[22] http://www.google.com/intl/pt-BR/chrome/browser/

3)   Terceiro cenário: Sistema Operacional Microsoft Windows 7 Enterprise 64-bit SP1 num computador pessoal Intel Core2Quad Q9400 2.66GHz, 4GB de RAM DDR2, Placa Mãe Intel DP35DP, Placa de Vídeo nVídia GeForce 9400GT 1024MB, Disco Rígido Samsung HD203WI 1863Gb SATA, Drive Óptico de DVD LG HL-DT-ST GH22NS50 ATA, sem marca, utilizando o cliente de *e-mail* Microsoft Windows Live Mail 2012[23] Compilação 16.4.3505.0912, o navegador Microsoft Windows Internet Explorer 9[24] Versão 9.0.8112.16421 com nível de codificação de 256bits com filtro SmartScreen, o Antivírus Avast Free Antivírus[25] Versão 7.0.1474 com a Versão das Definições de Vírus 130115-1 e o Número de Definições em 4.379.203, e depois, o Antivírus McAfee Security Center[26] Versão 11.6 com Virus Scan Versão 15.6.238 Versão do DAT 6969 Versão do Mecanismo 5500.1093 e Site Advisor Versão 3.5, todos em suas configurações padrão.

Salvaram-se externamente em uma pasta denominada "Base de *e-mails* de Teste" apenas os *e-mails* classificados como *Phishing* Bancário para trabalhos futuros: nos formatos EML que podem ser abertos por programas clientes de *e-mail*; no formato TXT que podem ser utilizados em programas de processamento de texto puro inclusive para fins estatísticos; e no formato PDF que podem ser abertos por leitores compatíveis sem comprometer a segurança do computador utilizado, desde que, o usuário não clique nos *links* que o leitor mantém ativo.

[23] http://windows.microsoft.com/pt-BR/windows-live/essentials-other-programs
[24] http://windows.microsoft.com/pt-BR/internet-explorer/download-ie
[25] http://www.avast.com/pt-br/free-antivirus-download
[26] http://www.mcafee.com/br/

6 RESULTADOS E DISCUSSÕES

Neste Capítulo apresentam-se os resultados das estatísticas da base de e-mails para teste, execução dos e-mails de Phishing Bancário em ambiente controlado, verificação do tempo de vida dos e-mails de Phishing Bancário, execução de um e-mail ativo de Phishing Bancário da base de teste, e ainda a discussão das orientações para a proteção do consumidor de Internet Banking e os procedimentos pós ataque das vítimas de fraude bancária.

6.1 Resultados

6.1.1 Estatísticas da Base de E-mails para Teste

A base de e-mails elaborada apresenta algumas estatísticas e classificações:

- 2599 e-mails foram recebidos. Destes, 1982 e-mails são spam; 263 e-mails são válidos/esperados/aceitos; e, 354 e-mails são Phishing;

- Dos 354 e-mails de Phishing, 149 e-mails são de Phishing Financeiro, sem relação com o Internet Banking, pois o objetivo é de obterem-se informações que permitam a obtenção de novos cartões de crédito, abertura de conta bancária, realização de empréstimo e etc.; 86 e-mails são de Phishing Social, com objetivos diversos que vão desde a instalação de malwares até o acesso a páginas pornográficas; 83 e-mails são de Phishing Bancário ou Phishing de Internet Banking, cujos 79 e-mails são de e-mails distintos (únicos); e, 36 e-mails são de Phishing de Cartão de Crédito, com objetivo de obter informações que permitam a realização de compras on-line utilizando cartões pré-existentes;

- Dos 83 e-mails de Phishing Bancário, 22 apontavam para o Banco do Brasil[27]; 22 para o Banco Bradesco[28]; 17 para o Banco Santander Real[29]; 10 para o Banco Itaú Unibanco[30]; 4 para o Banco CitiBank[31]; 4 para o Banco HSBC[32]; 2 para a

---

[27] http://www.bb.com.br/portalbb/home29,116,116,1,1,1,1.bb
[28] http://www.bradesco.com.br/
[29] http://www.santander.com.br/
[30] http://www.itau.com.br/
[31] https://www.citibank.com.br/BRGCB/JPS/portal/Index.do#
[32] http://www.hsbc.com.br/1/2/portal/pt/para-voce

40

Caixa Econômica Federal[33] cuja investigação compete a Polícia Federal; 1 para o Banco Banrisul[34]; e 1 para o Banco Fibra[35].

Ainda, revela-se que 76,27% dos e-mails são spam; 13,62% são de e-mails de Phishing; 10,11% são de e-mails válidos/esperados/aceitos restando então, 89,89% dos e-mails como indesejados conforme o Gráfico 8.

Gráfico 8 – Validade dos E-mails da Base.

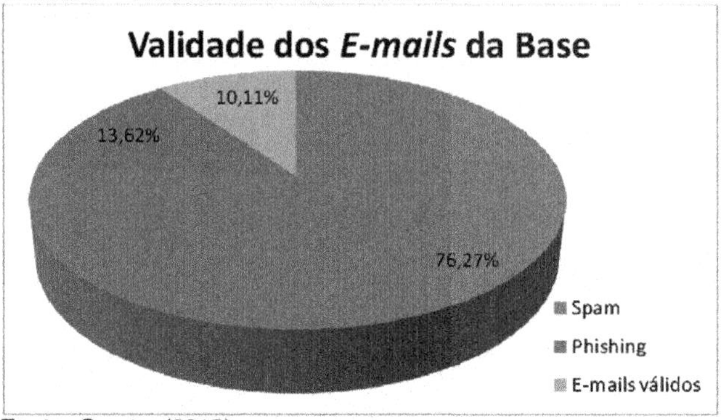

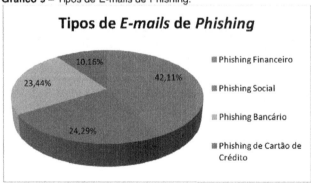

Fonte: O autor (2013).

Dos e-mails de Phishing 42,11% são de Phishing financeiro; 24,29% são de Phishing social; 23,44% são de Phishing Bancário, objetos do nosso estudo; e, 10,16% são de Phishing de cartão de crédito, conforme o Gráfico 9.

Gráfico 9 – Tipos de E-mails de Phishing.

Tipos de *E-mails* de *Phishing*

- Phishing Financeiro
- Phishing Social
- Phishing Bancário
- Phishing de Cartão de Crédito

10,16% 42,11% 23,44% 24,29%

Fonte: O autor (2013).

---

[33] http://caixa.gov.br/
[34] http://banrisul.com.br/
[35] http://www.bancofibra.com.br/

Dos e-mails de Phishing Bancário, 26,53% apontavam para o Banco do Brasil; 26,53% para o Banco Bradesco; 20,48% para o Banco Santander Real; 12,04% para o Banco Itaú Unibanco; 4,81% para o Banco CitiBank; 4,81% para o Banco HSBC; 2,40% para a Caixa Econômica Federal; 1,20% para o Banco Banrisul; e 1,20% para o Banco Fibra, conforme o Gráfico 10.

Gráfico 10 – Bancos alvo dos Phishers.

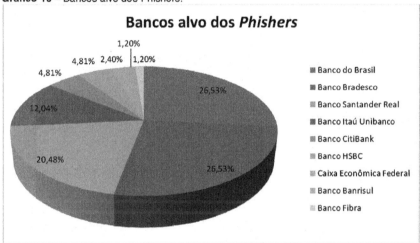

Fonte: O autor (2013).

Dois grandes bancos respondem por mais da metade dos e-mails de Phishing Bancário: Banco do Brasil e Banco Bradesco, respectivamente. Se adicionarmos mais dois Bancos a esta lista: Banco Santander Real e Banco Itaú Unibanco terão 85,58% dos alvos dos phishers nesta base.

6.1.2 Execução dos E-mails de Phishing Bancário em Ambiente Controlado

Executaram-se os e-mails em um ambiente controlado, para estabelecer as estatísticas e os padrões, utilizando os principais navegadores, alguns clientes de e-mail e antivírus, objetivando estabelecer a eficiência dos mesmos na proteção do usuário contra o Phishing Bancário.

Antecipa-se o resultado da eficiência dos navegadores em: 6,32% para o Microsoft Windows Internet Explorer 9; 2,53% para o Microsoft Windows Internet

42

Explorer 8; 2,53% para o Google Chrome Versão 23; 1,26% para o Mozilla Firefox for Ubuntu 16.0.1; conforme o Gráfico 11.

Gráfico 11 – Eficiência dos Navegadores.

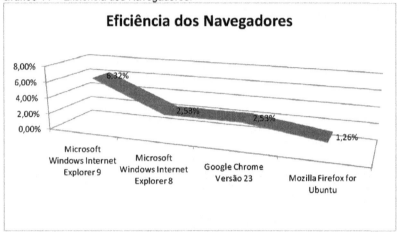

Fonte: O autor (2013).

Antecipa-se o resultado da eficiência dos clientes de e-mail em: 18,98% para o Mozilla Thunderbird 16.0.1; 11,39% para o Microsoft Windows Live Mail 2012; 0% para o Microsoft Outlook Express 6; conforme o Gráfico 12.

Gráfico 12 – Eficiência dos Clientes de E-mail.

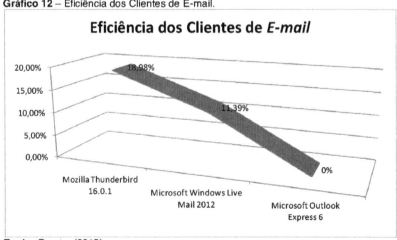

Fonte: O autor (2013).

Antecipa-se o resultado da eficiência dos antivírus em: 60,75% para o McAfee Security Center Versão 11; 6,32% para o Avast Free Antivírus Versão 7; conforme o Gráfico 13.

Gráfico 13 – Eficiência dos Antivírus.

Eficiência dos Antivírus

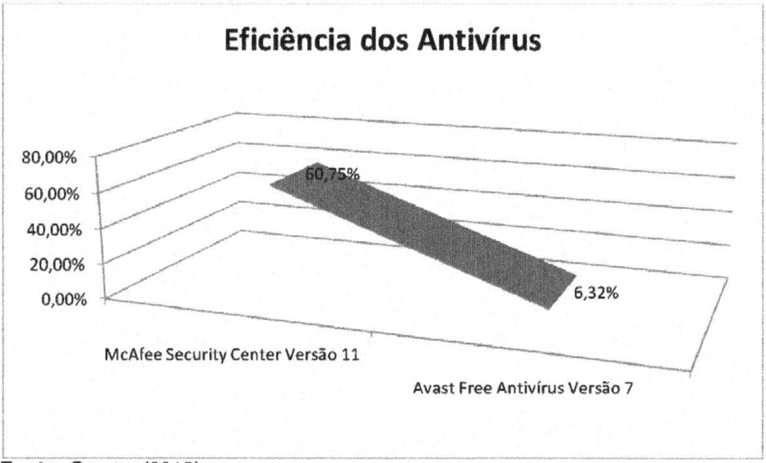

Fonte: O autor (2013).

Quadro comparativo do resultado da eficiência dos navegadores, clientes de e-mail e antivírus testados na base de e-mails de Phishing Bancário:

Quadro 1 – Eficiência dos Navegadores, Clientes de E-mail e Antivírus.

Navegadores				Clientes de E-mail			Antivírus	
Microsoft Windows Internet Explorer 9	Microsoft Windows Internet Explorer 8	Google Chrome Versão 23	Mozilla Firefox for Ubuntu 16	Mozilla Thunderbird 16	Microsoft Windows Live Mail 2012	Microsoft Outlook Express 6	McAfee Security Center Versão 11	Avast Free Antivírus 7
6,32%	2,53%	2,53%	1,26%	18,98%	11,39%	0%	60,75%	6,32%

Fonte: O autor (2013).

6.1.2.1 Execução dos E-mails de Phishing Bancário em Ambiente Linux

Primeiro cenário. Executou-se os 79 e-mails de Phishing Bancário e após o processamento chegou-se aos seguintes resultados:

- 77 *e-mails* estavam desativados pelo servidor de hospedagem; 1 *e-mail* estava desativado por um *hacker*, ou seja, no endereço de destino constava uma página onde alguém se identificava como *hacker* em seu texto sobrepondo a página do *phisher*, e, 1 *e-mail* estava ativo e era do tipo *Phishing* Bancário de recadastro;

- 64 *e-mails* não foram detectados como *Phishing* pelo Mozilla Thunderbird; 15 *e-mails* foram detectados como *Phishing;*

- 78 *e-mails* não foram detectados como *Phishing* pelo Mozilla Firefox for Ubuntu; 1 *e-mail* foi detectado como *Phishing*.

Verifica-se que o cliente de *e-mail* Mozilla Thunderbird 16.0.1 reconheceu 18,98% dos *e-mails* como *Phishing* conforme a Figura 2, a maior taxa de acerto até o momento entre os clientes de *e-mails* testados.

Figura 2 – Cliente de *E-mail* Mozilla Thunderbird 16.0.1.

Fonte: O autor (2013).

O navegador Mozilla Firefox 16.0.1, reconheceu 1,26% dos *e-mails* como *Phishing,* conforme a Figura 3. Pensa-se que, como ambos os programas são escritos pela mesma empresa, a Mozilla, deveriam utilizar a mesma base de *anti-phishing* para obterem-se resultados semelhantes, o que não acontece, conforme os resultados apresentados.

45

Figura 3 – Mozilla Firefox for Ubuntu 16.0.1.

Fonte: O autor (2013).

6.1.2.2 Execução dos *E-mails* de *Phishing* Bancário em Ambiente Windows XP

Segundo cenário. Executou-se os 79 *e-mails* de *Phishing* Bancário e após o processamento chegou-se aos seguintes resultados:

• Nenhum dos 79 *e-mails* foram detectados como *Phishing* pelo Microsoft Outlook Express 6;

• 77 *e-mails* não foram detectados como *Phishing* pelo Microsoft Windows Internet Explorer 8; 2 *e-mails* foram detectados como *Phishing;*

• 77 *e-mails* não foram detectados como *Phishing* pelo Google Chrome Versão 23.0.1271.97m; 2 *e-mails* foram detectados como *Phishing.*

Verifica-se que o navegador Microsoft Windows Internet Explorer 8 Versão 8.0.6001.18702 com nível de codificação de 128bits, reconheceu 2,53% dos *e-mails* como *Phishing*, conforme a Figura 4. Pensa-se que, como ambos os programas são escritos pela mesma empresa, a Microsoft, deveriam utilizar a mesma base de *anti-phishing* para obterem-se resultados semelhantes, o que não acontece conforme os resultados apresentados.

Figura 4 – Microsoft Windows Internet Explorer 8 Versão 8.0.6001.18702.

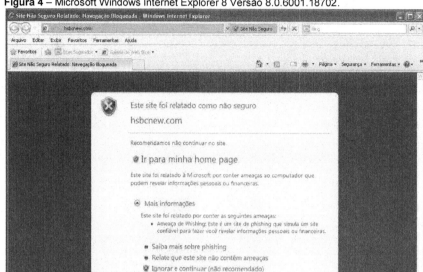

Fonte: O autor (2013).

O navegador Google Chrome Versão 23.0.1271.97m, reconheceu 2,53% dos *e-mails* como *Phishing*, conforme a Figura 5, sendo, a mesma taxa obtida em ambos os navegadores no mesmo ambiente.

Figura 5 – Google Chrome Versão 23.0.1271.97m.

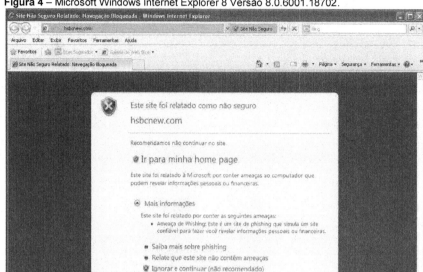

Fonte: O autor (2013).

6.1.2.3 Execução dos *E-mails* de *Phishing* Bancário em Ambiente Windows 7

Terceiro cenário. Executou-se os 79 *e-mails* de *Phishing* Bancário e após o processamento chegou-se aos seguintes resultados:

• 70 *e-mails* não foram detectados como *Phishing* pelo Microsoft Windows Live Mail 2012; 9 *e-mails* foram detectados como *Phishing;*

• 74 *e-mails* não foram detectados como *Phishing* pelo Microsoft Windows Internet Explorer 9; 5 *e-mails* foram detectados como *Phishing;*

• 74 *e-mails* não foram detectados como *Phishing* pelo Antivírus Avast Free Antivírus Versão 7.0.1474; 5 *e-mails* foram detectados como *Phishing*. 3 dos reconhecimentos se deram pelo complemento Avast! WebRep, os outros 2, se deram pelo módulo residente de rede;

• 31 *e-mails* não foram detectados como *Phishing* pelo Antivírus McAfee Security Center Versão 11.6; 48 *E-mails* foram detectados como *Phishing*.

Verificou-se que o cliente de *e-mail* Microsoft Windows Live Mail 2012 Compilação 16.4.3505.0912 reconheceu 11,39% dos *e-mails* como *Phishing*, conforme a Figura 6, a segunda maior taxa de acerto até o momento entre os clientes de *e-mail* testados.

Figura 6 – Microsoft Windows Live Mail 2012.

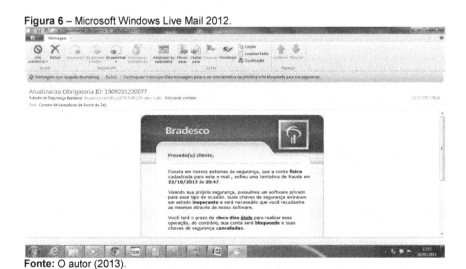

Fonte: O autor (2013).

48

O navegador Microsoft Windows Internet Explorer 9 Versão 9.0.8112.16421 com nível de codificação de 256bits com filtro SmartScreen, reconheceu 6,32% dos e-mails como Phishing, conforme a Figura 7, a maior taxa de acerto até o momento entre os navegadores testados. Pensa-se que, como ambos os programas são escritos pela mesma empresa, a Microsoft, deveriam utilizar-se da mesma base de anti-phishing para obter resultados semelhantes, o que não acontece.

Figura 7 – Microsoft Windows Internet Explorer 9 Versão 9.0.8112.16421.

Fonte: O autor (2013).

O Antivírus Avast Free Antivírus Versão 7.0.1474 com a Versão das Definições de Vírus 130115-1 e o número de definições em 4.379.203, reconheceu 6,32% dos e-mails como Phishing, conforme a Figura 8.

Figura 8 – Antivírus Avast Free Antivírus Versão 7.0.1474.

Fonte: O autor (2013).

Dos 6,32% dos reconhecimentos dos *e-mails* como *Phishing* pelo Antivírus Avast Free Antivírus Versão 7.0.1474, 3,79% se deram pelo complemento Avast! WebRep conforme a Figura 8, os outros 2,53% se deram pelo módulo residente de rede do mesmo, conforme a Figura 9.

Figura 9 – Antivírus Avast Free Antivírus Versão 7.0.1474 parte 2.

Fonte: O autor (2013).

O Antivírus McAfee Security Center Versão 11.6 com Virus Scan Versão 15.6.238 Versão do DAT 6969 Versão do Mecanismo 5500.1093 e Site Advisor Versão 3.5, reconheceu 60,75% dos *e-mails* como *Phishing*, conforme a Figura 10, sendo este o maior índice apresentado no laboratório.

Figura 10 – Antivírus McAfee Security Center Versão 11.6

Fonte: O autor (2013).

6.1.3 O Tempo de Vida dos *E-mails* de *Phishing* Bancário

Neste laboratório observou-se que 98,73% dos *e-mails* de *Phishing* Bancário da base de teste apontam para *sites* desativados. Isto mostra que, os filtros de *spam*, que incluem os *phishings*, estão realmente impulsionando os provedores de conteúdo e os *sites* de hospedagem a apagarem os *sites* dos *phishers*. A falha mais comum no acesso é o erro 404, que significa que a página não foi encontrada no local indicado conforme a Figura 11. Entende-se também que o tempo de vida de um *e-mail* de *Phishing* é muito curto, ou seja, ao ativá-lo o *phisher* sabe que algum tempo depois, o *site* que hospeda a fraude bancária *on-line* será denunciado e o provedor de hospedagem irá excluí-lo. Portanto, para maior êxito, é necessário que o *e-mail* do *Phishing* atinja o maior público possível no menor espaço de tempo, para isto o *phisher* compra uma base de usuários de *e-mails* ampla, disponível em alguns locais da Internet.

Figura 11 – *Site* de *Phishing* Desativado pelo Provedor de Hospedagem.

Fonte: O autor (2013).

Nota-se que um dos *sites* de *Phishing* foi desativado por falta de pagamento do provedor de hospedagem conforme a Figura 12. "O seu domínio está suspenso devido a razões financeiras" expressa o texto em turco.

Figura 12 – *Site* de *Phishing* Desativado por Falta de Pagamento.

Fonte: O autor (2013).

Nota-se o fato de um *hacker* ter desativado um *site* de *Phishing* e ter deixado sua página no local conforme a Figura 13. Não se sabe a veracidade da informação deixada, mas o mesmo assina como: *hackeado* por 3bod501.

Figura 13 – *Site* de *Phishing Hackeado*.

Fonte: O autor (2013).

6.1.4 Execução de um *E-mail* contendo *Phishing* Bancário da Base de Teste

Verificou-se um *e-mail* de *Phishing* Bancário ativo na base de teste. Descreve-se aqui o resultado de sua execução:

- A Figura 14 apresenta o *e-mail* de *Phishing* em execução no ambiente controlado, utilizando-se a configuração padrão de segurança, as imagens em anexo não foram executadas e o cliente de *e-mail* detectou que era um *Phishing,* conforme será abordado melhor no tópico seguinte. Nota-se também que o ponteiro do *mouse* está de propósito em cima do *link* referenciado, que na verdade mascara outro destino. O corpo do *e-mail* contém uma explicação, contendo erros de português, orientando o consumidor a fazer um recadastro para manter os seus serviços de *Internet Banking* ativos, passando uma imagem de urgência e mostrando o desconforto de ir até agência para liberar o acesso caso não utilize o recadastro por *e-mail.* Há também uma pequena personalização, ao lado da frase "Caro Cliente" mostrando o *e-mail* do consumidor, para que o mesmo "sinta" que a mensagem é importante;

Figura 14 – *E-mail* de *Phishing* Ativo 1.

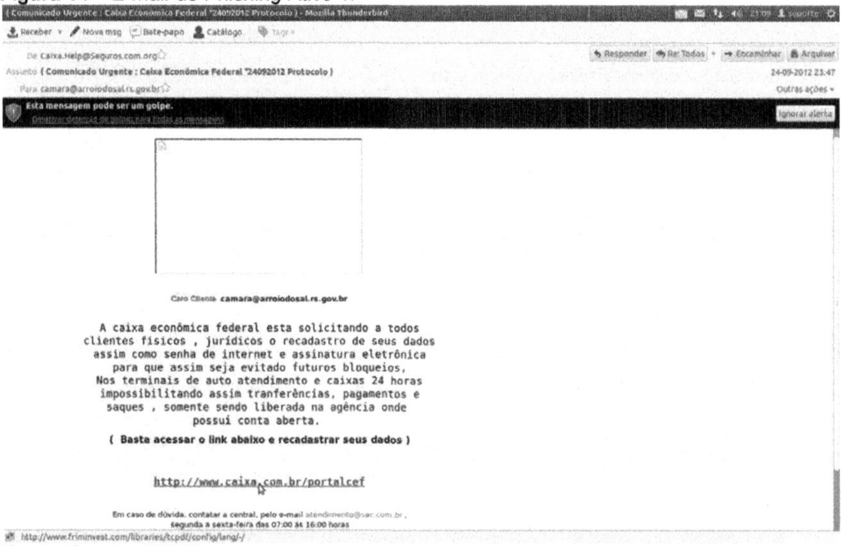

Fonte: O autor (2013).

- Ao executá-lo, ignora-se de propósito o aviso do cliente de *e-mail*, obtendo-se então o resultado exposto na Figura 15, onde são solicitadas as informações de usuário e o tipo da conta;

Figura 15 – *E-mail* de *Phishing* Ativo 2.

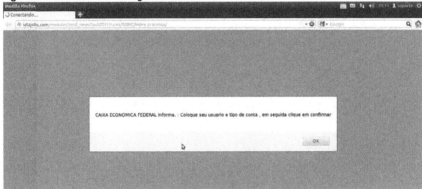

Fonte: O autor (2013).

- Na Figura 15, observa-se que o endereço de destino não é o esperado, ou seja, caixa.gov.br, ao invés disso, navega-se no endereço iatajobs.com, um *site* Indiano conforme mostra a Figura 16 ao utilizar-se a geo localização por IP;

Figura 16 – *E-mail* de *Phishing* Ativo 3.

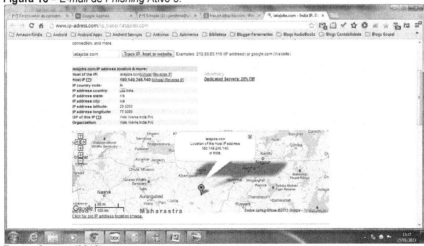

Fonte: O autor (2013).

- A primeira vista, na Figura 17, o *site* é bonito e bem acabado, para alguém pode parecer-se com o verdadeiro, mostrado na Figura 18. Observa-se que todos os *links* estão ativos e a interação é boa;

Figura 17 – *E-mail* de *Phishing* Ativo 4.

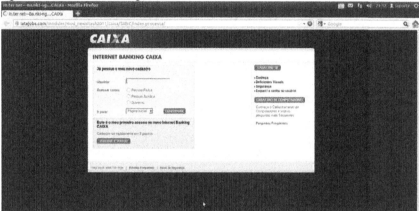

Fonte: O autor (2013).

- Na Figura 18, apresenta-se o *site* verdadeiro da Caixa Econômica Federal a título de comparação visual. Os elementos básicos como usuário e tipo se mantêm. Nota-se o protocolo de segurança ativo "*HTTPS*", o cadeado virtual fechado e o endereço contendo caixa.gov.br;

Figura 18 – *E-mail* de *Phishing* Ativo 5.

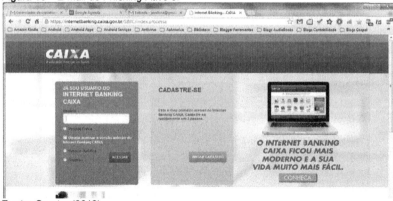

Fonte: O autor (2013).

55

- Na Figura 19, continua-se a interagir com o *Phishing*, preenchendo o campo usuário e o tipo, e, como no *site* verdadeiro, na sequência, é necessário clicar na identificação do usuário para continuar. Como o *site* não tem as informações verdadeiras da Caixa Econômica Federal, repetiu-se o campo usuário digitado e não as iniciais do usuário cadastradas na Caixa, como no *site* verdadeiro;

Figura 19 – *E-mail* de *Phishing* Ativo 6.

Fonte: O autor (2013).

- Na Figura 20, pede-se que seja colocada a senha da Internet, apesar de visualmente a página ser diferente da verdadeira, a interatividade é boa, com o teclado virtual funcionamento plenamente;

Figura 20 – *E-mail* de *Phishing* Ativo 7.

Fonte: O autor (2013).

- Na Figura 21, verifica-se que, assim como no *site* verdadeiro, ao utilizar o teclado real, ao invés do virtual, surge uma mensagem de segurança orientando o uso do teclado correto;

Figura 21 – *E-mail* de *Phishing* Ativo 8.

Fonte: O autor (2013).

- Na Figura 22, vê-se que, o *site* falso expressa que a senha informada é inválida, obrigando o usuário a redigitá-la. Sabe-se que o *phisher* não tem como verificar se a senha é válida ou não, então, ao obrigar o usuário a digita-la novamente, aumentam as chances de a senha ser realmente verdadeira;

Figura 22 – *E-mail* de *Phishing* Ativo 9.

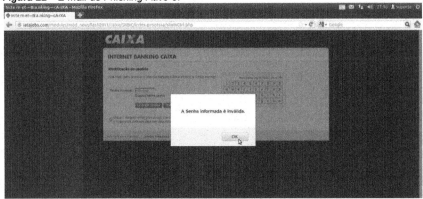

Fonte: O autor (2013).

- Na Figura 23, inicia-se então o processo de recadastro, com uma mensagem em letras garrafais para atrair a atenção do consumidor, contendo erros de ortografia e gramática;

Figura 23 – *E-mail* de *Phishing* Ativo 10.

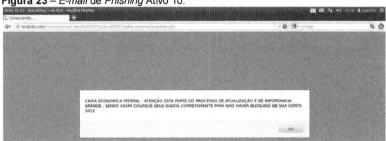

Fonte: O autor (2013).

- Na Figura 24, novamente utilizando-se o teclado virtual, para a assinatura eletrônica, e o teclado real para os outros campos, são solicitados todas as informações necessárias para que o *phisher* acesse posteriormente o *Internet Banking* do consumidor na Caixa Econômica Federal e efetue todas as transações financeiras que lhe convier. Nota-se o falso cadeado fechado na parte superior com a falsa declaração de ambiente seguro e certificado;

Figura 24 – *E-mail* de *Phishing* Ativo 11.

Fonte: O autor (2013).

- Na Figura 25, nota-se que, após a confirmação dos dados, direciona-se automaticamente para o site verdadeiro da Caixa Econômica Federal;

Figura 25 – *E-mail* de *Phishing* Ativo 12.

Fonte: O autor (2013).

- Este procedimento de direcionar para o *site* verdadeiro da instituição não é normalmente adotado nos outros *e-mails* de *Phishing,* que, mostram uma mensagem na qual o recadastro passa por uma fase de atualização de algumas horas, pedindo ao consumidor que não acesse o mesmo por enquanto, dando tempo para que o *phisher* realize as transações financeiras que lhe convier, conforme a figura 26, que pede que "aguarde 24 horas úteis para o acesso de sua conta".

Figura 26 – *E-mail* de *Phishing* Ativo 13.

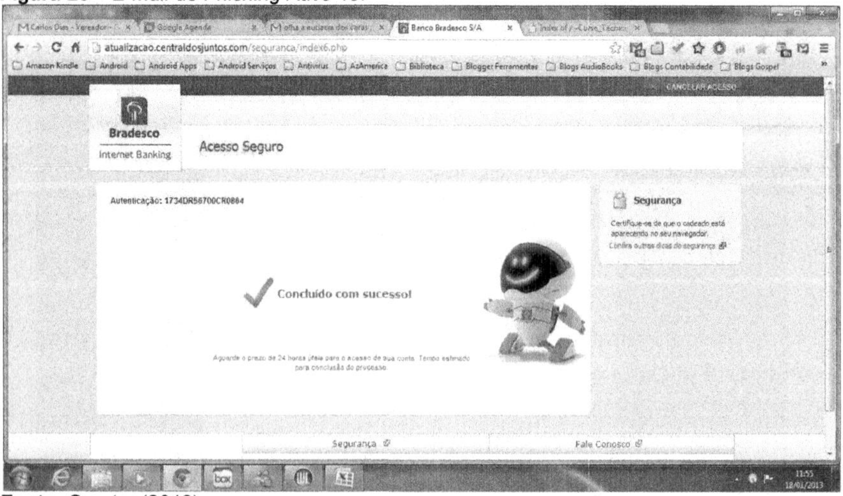

Fonte: O autor (2013).

6.2 Discussões

6.2.1 Orientações Para a Proteção

Algumas medidas possíveis devem ser cuidadas, uma delas é sempre duvidar de todo e qualquer e-mail recebido que leve o consumidor a clicar em algo para baixar ou visualizar algum tipo de imagem, vídeo ou documento, pois muitos anexos vêm com algum tipo de vírus inserido nesses arquivos. Outra medida, é sempre se certificar da origem do material recebido por e-mail, inclusive ligando para a instituição que enviou o e-mail. A FEBRABAN divulgou[36] que para o consumidor não ser fraudado, não deve informar códigos e senhas para estelionatários, e deve adotar "medidas recomendáveis de segurança nos seus equipamentos, como antivírus, sistemas operacionais legítimos, firewall, etc.".

Outras dicas de como se proteger são do Anti-Phishing Working Group - APWG[37], que relata que a quantidade de Phishing enviado aos consumidores tem aumentado, bem como a sofisticação dos mesmos. Afirma ainda que, de maneira geral o Internet Banking é seguro, desde que o consumidor tenha alguns cuidados ao enviar informações pessoais ou financeiras pela Internet. Seguem as recomendações do grupo de trabalho Anti-Phishing:

1. Suspeite de qualquer e-mail solicitando informações financeiras ou pessoais urgentes porque não é possível ter certeza de que são verdadeiros;

2. As informações suspeitas mais solicitadas são os nomes de usuário, senha, números de cartão de crédito, data de nascimento e etc.;

3. Nunca use os links de uma mensagem recebida através de e-mail, de um instant messaging (mensageiro instantâneo) ou navegando na Internet para acessar o Internet Banking, porque não é possível ter certeza de que são verdadeiros;

4. Sempre digite manualmente o endereço do Internet Banking no seu navegador;

5. Os phishers são capazes de simular o "https://" e o cadeado amarelo que você vê em um site seguro, portanto se receber um aviso de que o endereço do site que esta sendo exibido não corresponde com o certificado, não prossiga;

---

[36] http://www.febraban.org.br/Noticias1.asp?id_texto=1321
[37] http://www.antiphishing.org/resources/overview/avoid-phishing-scams

6. Considere instalar uma barra de ferramenta de navegação *antiphishing* para ajudar a protegê-lo dos *sites* fraudulentos. Ela é atualizada constantemente e vai alertá-lo quando estiver em um *site* de *Phishing* conhecido;

7. Verificar o extrato da conta do *Internet Banking* com regularidade. Analisar se todas as operações são legítimas e conhecidas. Caso suspeite de alguma transação, entre em contato imediatamente com o seu banco e nunca fique um mês inteiro sem verificar as suas contas;

8. Tenha certeza que o seu navegador e o seu sistema operacional estão atualizados incluindo todas as atualizações de segurança.

6.2.2 Procedimentos Pós Ataque

Por outro lado, há conselhos também para consumidores que tenham sido vítimas de *Phishing*. Segundo a APWG[38], os ataques de *Phishing* Bancário têm crescido, estão mais sofisticados e mais difíceis de serem detectados, além disso, a quantidade de pessoas que utilizam a Internet tem crescido e muitos são usuários inexperientes. Assim, seguem alguns conselhos interessantes:

1. Entrar em contato com o banco o mais rapidamente possível;

2. Fazer um boletim de ocorrência na delegacia de polícia mais próxima;

3. Cancelar a conta bancária e abrir uma nova;

4. Verificar o antivírus, o *firewall* e realizar uma varredura completa no computador;

5. Depois que tiver certeza de que tudo esta corrigido, alterar todas as senhas *on-line*, pois elas podem ter sido transmitidas para o *phisher*.

---

[38]http://www.antiphishing.org/consumer_recs2.html

7 CONSIDERAÇÕES FINAIS

O uso do *Internet Banking* é crescente e já supera todos os outros canais de acesso bancário no Brasil. Os motivos que mais se destacam para este crescimento são a mobilidade e o conforto proporcionados ao consumidor, que pode realizar transações financeiras com poucos cliques do *mouse* e o aperto de algumas teclas do teclado de um computador, ou ainda utilizando um dispositivo com acesso a Internet. No entanto, algumas pessoas têm sido vítimas dos criminosos virtuais, que com audácia buscam de todas as maneiras enganar e ludibriar os usuários para receber informações pessoais dos mesmos, com intuito de obter vantagem financeira.

As páginas falsas da *Web* são as tentativas de fraudes virtuais mais utilizadas, golpe este conhecido como *Phishing*, onde são recebidos *e-mails* solicitando um recadastro do consumidor em um local na Internet indicado por um *link*. Ao acreditar e clicar no *link* indicado, o consumidor é redirecionado para uma página forjada semelhante à verdadeira, da instituição financeira em que o mesmo confia passando então a atender as solicitações descritas.

No caso do *Phishing* Bancário, é neste ambiente que os criminosos virtuais coletam as informações do consumidor que permitirão a realização de várias operações, dentre elas adquirirem empréstimos pré-aprovados, aumentando o valor disponível na conta do mesmo e em seguida transferir este dinheiro para outras contas abertas com documentos falsos em nome de terceiros não identificáveis.

A legislação brasileira especialmente o Código de Defesa do Consumidor, protegem o consumidor brasileiro de *Internet Banking*, mas o esforço que envolve a recuperação da perda financeira, inclusive com ações judiciais em alguns casos, pode desestimular ou diminuir o uso do mesmo.

Os bancos têm investido muito na proteção do consumidor de *Internet Banking*, pois é o canal mais barato para as transações bancárias, mas os criminosos continuam a realizar ataques virtuais bem sucedidos e com uma qualidade técnica crescente.

Os navegadores, clientes de *e-mail* e antivírus, deixam a desejar na proteção do consumidor brasileiro de *Internet Banking*. Sugere-se que a FEBRABAN e os bancos por ela representados, desenvolvam uma barra de ferramenta de navegação compatível com os principais navegadores, clientes de *e-mail* e antivírus, com o filtro de *spam/phishing* adequada à realidade brasileira e atualizada diariamente como forma de proteção adicional.

A maneira mais eficiente do consumidor brasileiro de *Internet Banking* se proteger deste tipo de golpe é: sempre duvidar de *e-mails* que solicitem informações bancárias e nunca clicar no *link* proposto. Em caso de dúvida, ligar para a instituição financeira e, se solicitado, nunca informar para ninguém, a sua senha bancária.

7.1 Sugestões para Trabalhos Futuros

Sugere-se para trabalhos futuros, estudar os diferentes métodos de autenticação e segurança implantados pelos bancos na atualidade com base no uso de senhas e criptografia com tendências de massificação da certificação digital. E num futuro próximo considerar outros métodos de segurança sem o uso de senhas com os sistemas biométricos (impressão digital, reconhecimento de face ou da voz, identificação pela íris ou pela retina).

Ainda em trabalhos futuros, utilizar a base de testes em cenário ampliado: identificar os países que hospedam as páginas dos *phishers* através da técnica de geo localização por IP; emitir laudo forense de autoria; extrair estatísticas das palavras e identificar os padrões de uso que influenciam o consumidor a clicar nos *e-mails*; analisar a eficiência dos 10 melhores antivírus da TopTenReviews[39] na proteção do consumidor de *Internet Banking* contra o *Phishing* Bancário.

---

[39] http://anti-virus-software-review.toptenreviews.com/

63

REFERÊNCIAS

APWG Anti-Phishing Working Group. **How to Avoid Phishing Scams.** Disponível em: <http://www.antiphishing.org/resources/overview/avoid-phishing-scams>. Acesso em: 23 nov. 2012.

AVAST FREE ANTIVÍRUS. **Baixe o avast! versao 7.** Disponível em <http http://www.avast.com/pt-br/free-antivirus-download>. Acesso em: 5 fev. 2013.

BANCO DO BRASIL. **Acesse sua conta.** Disponível em <http://www.bb.com.br/portalbb/home29,116,116,1,1,1,1.bb>. Acesso em: 5 fev. 2013.

BANCO FIBRA. **Internet Banking.** Disponível em <http://www.bancofibra.com.br/>. Acesso em: 5 fev. 2013.

BANRISUL. **Home Banking. Office Banking.** Disponível em <http://banrisul.com.br/>. Acesso em: 5 fev. 2013.

BASE PÚBLICA DE E-MAILS. **E-mails de phishing adquiridos por acessibilidade.** Disponível em: < https://www.dropbox.com/sh/mhjqgxitlu877yi/YYQ6i4ZMcs>. Acesso em: 3 dez. 2012.

BRADESCO. **Acesse o Internet Banking.** Disponível em <http://www.bradesco.com.br/>. Acesso em: 5 fev. 2013.

BRAGA, P. H. C. **Técnicas de Engenharia Social.** Grupo de Resposta a Incidentes de Segurança - Universidade Federal do Rio de Janeiro. Rio de Janeiro, 2011.

BRASIL, S. F. **PLC – Projeto de Lei da Câmara, nº 89 de 2003.** Disponível em <http://www.senado.gov.br/atividade/materia/detalhes.asp?p_cod_mate=63967>. Acesso em: 5 fev. 2013.

CAIXA ECONÔMICA FEDERAL. **Acesse sua conta.** Disponível em <http://caixa.gov.br/>. Acesso em: 5 fev. 2013.

CÂMARA D. D. **PL 84/1999.** Disponível em <http://www.camara.gov.br/proposicoesWeb/fichadetramitacao?idProposicao=15028>. Acesso em: 5 fev. 2013.

CERT.BR. **Estatísticas dos Incidentes Reportados ao Centro de Estudos, Respostas e Tratamentos de Incidentes de Segurança no Brasil.** Disponível em:<http://www.cert.br/stats/incidentes/>. Acesso em: 3 dez. 2012.

CIAB; FEBRABAN. **Pesquisa Ciab FEBRABAN 2012: o setor bancário em Números.** Disponível em:

<http://www.febraban.org.br/Noticias1.asp?id_texto=1591&id_pagina=59&palavra=>.
Acesso em: 23 nov. 2012.

CITIBANK. **Bem parcelado. Tudo fica mais fácil de levar.** Disponível em
<https://www.citibank.com.br/BRGCB/JPS/portal/Index.do#>. Acesso em: 5 fev.
2013.

FEBRABAN. **Perdas com fraudes eletrônicas aumentam 36% no primeiro
semestre de 2011.** Disponível em:
<http://www.febraban.org.br/Noticias1.asp?id_texto=1321&id_pagina=61&palavra=fr
aude>. Acesso em: 23 nov. 2012.

FREIRE, A. C. P. **Os desafios da perícia eletrônica forense como meio de prova
no processo civil.** In: Âmbito Jurídico, Rio Grande, XIV, n. 91, Ago 2011. Disponível
em: <http://www.ambito-
juridico.com.br/site/?n_link=revista_artigos_leitura&artigo_id=9966&revista_caderno
=17>. Acesso em: 10 out. 2012.

FURUKAWA, V. H. S.; DI DOMÊNICO, J. A. **Computação Forense: um estudo
sobre seus aspectos legais, metodologias e ferramentas.** Centro Tecnológico –
Universidade Comunitária Regional de Chapecó. Santa Catarina, 2012.

GATTO, V. H. G. **Tipicidade penal dos crimes cometidos na Internet.** In: Âmbito
Jurídico, Rio Grande, XIV, n. 91, ago 2011. Disponível em: <http://www.ambito-
juridico.com.br/site/?n_link=revista_artigos_leitura&artigo_id=10065&revista_cadern
o=17>. Acesso em: 10 out. 2012.

GOOGLE CHROME. **Use um navegador da Web gratuito e mais rápido.**
Disponível em <http://www.google.com/intl/pt-BR/chrome/browser/>. Acesso em: 5
fev. 2013.

HSBC. **Internet Banking.** Disponível em <http://www.hsbc.com.br/1/2/portal/pt/para-
voce>. Acesso em: 5 fev. 2013.

IBGE. **Estimativas populacionais dos municípios Brasileiros em 2012.**
Disponível em
<http://www.ibge.gov.br/home/presidencia/noticias/noticia_visualiza.php?id_noticia=2
204&id_pagina=1>. Acesso em: 3 dez. 2012.

INTERNET EXPLORER 8. **Recursos do Internet Explorer 8.** Disponível em
<http://windows.microsoft.com/pt-BR/internet-explorer/products/ie-8/features/faster>.
Acesso em: 5 fev. 2013.

INTERNET EXPLORER 9. **Acesse uma Internet rápida e fluida.** Disponível em
<http://windows.microsoft.com/pt-BR/internet-explorer/download-ie>. Acesso em: 5
fev. 2013.

IOCCA, E. C. **Crimes cibernéticos e a sociedade atual.** Judicare; revista eletrônica da faculdade de direito de alta floresta. Disponível em: <http://ienomat.com.br/revista/index.php/judicare/article/view/50/159/>. 2012. Acesso em: 5 fev. 2013.

ITAÚ. **30 horas.** Disponível em <http://www.itau.com.br/>. Acesso em: 5 fev. 2013.

JUSBRASIL. **Art. 155, § 4, inc. IV do Código Penal - Decreto Lei 2848/40.** Disponível em <http://www.jusbrasil.com.br/legislacao/anotada/2336761/art-155-par-4-inc-iv-do-codigo-penal-decreto-lei-2848-40>. Acesso em: 5 fev. 2013.

JUSBRASIL. **Art. 171 do Código Penal - Decreto Lei 2848/40.** Disponível em <http://www.jusbrasil.com.br/legislacao/anotada/2333540/art-171-do-codigo-penal-decreto-lei-2848-40>. Acesso em: 5 fev. 2013.

KUROSE, J. F. **Redes de computadores e a Internet: uma abordagem top-down.** 5 ed. São Paulo: Pearson Ed., 2011.

LENNERT, L. S.; OLIVEIRA, M. A. **Engenharia Social: uma ameaça fraudulenta crescente.** 64 ed. São Paulo: Editora Sicurezza, 2011.

LÉVY, P. **Cibercultura.** 1 ed. São Paulo. Ed. 34, 1999.

LINUX UBUNTU. **Perfectly distilled.** Disponível em < http://www.ubuntu.com/>. Acesso em: 5 fev. 2013.

MALLMANN, J. **Produção de Provas Digitais a partir de Rastreamento em Relacionamentos por e-mails.** Dissertação de Mestrado. 2011.

MCAFEE SECURITY CENTER. **Safe is not a privilege. It is a right.** Disponível em <http://www.mcafee.com/br/>. Acesso em: 5 fev. 2013.

MIGUEL, G. B. **Métodos de pesquisa pedagógica.** São Paulo: Loyola, 1970.

MORIMOTO, C. E. **Redes: Guia prático.** 2 ed. Rio de Janeiro: GDH Press e Sul Editores, 2008.

MOZILLA FIREFOX. **Diferente desde o projeto.** Disponível em <http://www.mozilla.org/pt-BR/firefox/new/>. Acesso em: 5 fev. 2013.

MOZILLA THUNDERBIRD. **Programa feito para tornar e-mails simples.** Disponível em <http://www.mozilla.org/pt-BR/thunderbird/>. Acesso em: 5 fev. 2013.

NORONHA, E. M. **Curso de Direito Processual Penal.** 26 ed. São Paulo: Editora Saraiva, 1998.

OUTLOOK EXPRESS. **OLEXP: Como obter e instalar o Outlook Express.** Disponível em <http://support.microsoft.com/kb/270696/PT-BR>. Acesso em: 5 fev. 2013.

PAGANELLI, C. J. M.; SIMÕES, A. G. **A busca da verdade para produção de provas no direito digital.** In: Âmbito Jurídico, Rio Grande, XV, n. 103, ago 2012. Disponível em: <http://www.ambito-juridico.com.br/site/?n_link=revista_artigos_leitura&artigo_id=11800&revista_cadern o=17>. Acesso em: 20 out. 2012.

PETERSON, L. L; DAVIE, B. S. **Redes de computadores.** 3 ed. Rio de Janeiro: Elsevier Ed., 2003.

PRESIDÊNCIA D. R. **Lei nº 8.078, de 11 de Setembro de 1990.**. Disponível em <http://www.planalto.gov.br/ccivil_03/leis/L8078.htm>. Acesso em: 5 fev 2013.

REINALDO FILHO, D. **A responsabilidade dos bancos pelos prejuízos resultantes do phishing.** In: Âmbito Jurídico, Rio Grande, XI, n. 55, jul 2008. Disponível em: <http://ambitojuridico.com.br/site/?n_link=revista_artigos_leitura&artigo_id=4812&rev ista_caderno=17>. Acesso em 23 nov. 2012.

SANTANDER. **Santander Internet Banking.** Disponível em <http://www.santander.com.br/>. Acesso em: 5 fev. 2013.

SANTOS, S. Z. **A responsabilidade civil dos provedores de hospedagem e conteúdo de Internet e a proteção dos direitos da personalidade.** In: Âmbito Jurídico, Rio Grande, XV, n. 100, maio 2012. Disponível em: <http://www.ambito-juridico.com.br/site/?n_link=revista_artigos_leitura&artigo_id=11626&revista_cadern o=17>. Acesso em: 10 out. 2012.

SENADO F. **Lei nº- 12.735, de 30 de Novembro de 2012.** Disponível em <http://www6.senado.gov.br/legislacao/ListaTextoIntegral.action?id=246189&norma= 265893>. Acesso em: 5 fev. 2013.

SHINDER, D. L.; CROSS, M. **Scene of the Cybercrime.**. 2 ed. UK: Editora Syngress, 2008.

TANENBAUM, A. S. **Redes de computadores.** 4 ed. Rio de Janeiro: Elsevier Ed., 2003.

TANENBAUM, A. S; WOODHULL, A. S. **Sistemas Operacionais: projeto e implementação.** 3 ed. São Paulo: Bookman Ed., 2008.

TANENBAUM, A. S. **Sistemas operacionais modernos.** 3 ed. São Paulo. Pearson Ed. 2009.

TANENBAUM, A. S; J. WETHERALL, D. **Redes de computadores.** 5 ed. São Paulo: Globaltec Ed., 2011.

TOPTENREVIEWS. **What's the Best Antivirus Software?.** Disponível em <http://anti-virus-software-review.toptenreviews.com/>. Acesso em: 5 fev. 2013.

VELLOSO, F. C. **Informática conceitos básicos.** 8 ed. Rio de Janeiro: Elsevier Ed., 2011.

WINDOWS 7. **Faça mais com o Windows 7.** Disponível em <http://windows.microsoft.com/pt-BR/windows7/get-know-windows-7>. Acesso em: 5 fev. 2013.

WINDOWS LIVE MAIL. **Windows Essentials: Outros programas.** Disponível em <http://windows.microsoft.com/pt-BR/windows-live/essentials-other-programs>. Acesso em: 5 fev. 2013.

WINDOWS XP. **Windows.** Disponível em <http://windows.microsoft.com/pt-BR/windows/windows-help#v1h=win8tab1&v2h=win7tab1&v3h=winvistatab1&v4h=winxptab1&windows=windows-xp>. Acesso em: 5 fev. 2013.

ANEXOS

ANEXO A - Lei Nº 12.735, de 30 de Novembro de 2012

 Presidência da República

Casa Civil

Subchefia para Assuntos Jurídicos

LEI Nº 12.735, DE 30 DE NOVEMBRO DE 2012.

> Altera o Decreto-Lei no 2.848, de 7 de dezembro de 1940 - Código Penal, o Decreto-Lei no 1.001, de 21 de outubro de 1969 - Código Penal Militar, e a Lei no 7.716, de 5 de janeiro de 1989, para tipificar condutas realizadas mediante uso de sistema eletrônico, digital ou similares, que sejam praticadas contra sistemas informatizados e similares; e dá outras providências.

A PRESIDENTA DA REPÚBLICA Faço saber que o Congresso Nacional decreta e eu sanciono a seguinte Lei:

Art. 1o Esta Lei altera o Decreto-Lei no 2.848, de 7 de dezembro de 1940 - Código Penal, o Decreto-Lei no 1.001, de 21 de outubro de 1969 - Código Penal Militar, e a Lei no 7.716, de 5 de janeiro de 1989, para tipificar condutas realizadas mediante uso de sistema eletrônico, digital ou similares, que sejam praticadas contra sistemas informatizados e similares; e dá outras providências.

Art. 2o (VETADO)

Art. 3o (VETADO)

Art. 4o Os órgãos da polícia judiciária estruturarão, nos termos de regulamento, setores e equipes especializadas no combate à ação delituosa em rede de computadores, dispositivo de comunicação ou sistema informatizado.

Art. 5o O inciso II do § 3o do art. 20 da Lei no 7.716, de 5 de janeiro de 1989, passa a vigorar com a seguinte redação:

"Art. 20. ....

....

§ 3o ....

69

....

II - a cessação das respectivas transmissões radiofônicas, televisivas, eletrônicas ou da publicação por qualquer meio;

.... " (NR)

Art. 6o Esta Lei entra em vigor após decorridos 120 (cento e vinte) dias de sua publicação oficial.

Brasília, 30 de novembro de 2012; 191º da Independência e 124º da República.

DILMA ROUSSEFF

José Eduardo Cardozo

Paulo Bernardo Silva

Maria do Rosário Nunes

Printed by Printforce, United Kingdom